大型公共建筑改造、扩建技术研究与应用

——东莞市民服务中心

– 东莞市莞城建筑工程有限公司 　组织编写 –

中国建筑工业出版社

图书在版编目（CIP）数据

大型公共建筑改造、扩建技术研究与应用：东莞市民服务中心 /
东莞市莞城建筑工程有限公司组织编写 . —北京：中国建筑工业出
版社，2020.7
ISBN 978-7-112-25201-5

Ⅰ.①大…　Ⅱ.①东…　Ⅲ.①公共建筑 — 改建 ②公共建筑 —
扩建　Ⅳ.① TU746.3

中国版本图书馆 CIP 数据核字（2020）第 091879 号

东莞市民服务中心是集扩建、改造和功能提升于一体的综合性、创新性工程，具有施工
难度大、工程量大、工期紧、要求高等特点。本书以该工程为研究对象，针对工程特点和难
点进行专项研究和开发，在地下空间综合开发利用、装配化设计和建造、屋面和幕墙节能改
造、特殊工程消防设计等方面取得了创新性的成果。本书共 11 章，包括工程概况、原建筑
主体结构检测鉴定、装配式建筑设计与施工技术、建筑信息化管理、幕墙改造技术、屋面改
造技术、特殊消防设计与模拟分析、节能改造与设计、景观园林改造、交通组织设计和复杂
环境基础工程施工。本书是工程各参建单位、技术咨询单位等共同努力的结晶，可供类似工
程建设、设计、施工等单位从业人员参考、使用，也可供大专院校相关专业师生使用。

责任编辑：杨　杰　范业庶
责任校对：赵　菲

大型公共建筑改造、扩建技术研究与应用——东莞市民服务中心

东莞市莞城建筑工程有限公司　组织编写
*
中国建筑工业出版社出版、发行（北京海淀三里河路9号）
各地新华书店、建筑书店经销
北京点击世代文化传媒有限公司制版
天津图文方嘉印刷有限公司印刷
*
开本：787×1092毫米　1/16　印张：15½　字数：292千字
2020年8月第一版　2020年8月第一次印刷
定价：198.00 元
ISBN 978-7-112-25201-5
　　（35962）

本书编委会

主　　编：刘　波

副 主 编：阳凤萍　周书东　谢璋辉　张彤炜

　　　　　廖俊晟　梁荣耀　李志青　吴海波

编写人员：麦镇东　张　益　刘　亮　叶雄明

　　　　　何建修　南　楠　陈仪绵　谢　博

　　　　　周小梅　黄浩尧

主编单位：东莞市莞城建筑工程有限公司

参编单位：东莞市建筑科学研究所

前言

　　党的十八大制定了新时代统筹推进"五位一体"总体布局的战略目标，全面推进经济建设、政治建设、文化建设、社会建设、生态文明建设，实现以人为本、全面协调可持续的科学发展。党的十八届五中全会首次提出"创新、协调、绿色、开放、共享"五大发展理念。党中央、国务院《关于进一步加强城市规划建设管理工作的若干意见》指出，我国城市建设存在节约集约程度不高、大拆大建问题突出等问题，与我国新发展理念相违背。目前，全国上下积极践行党中央、国务院战略部署和城市建设发展理念，努力实现高质量、高品质发展。

　　随着经济社会的快速发展，我国城市开发建设将逐渐由新建建筑向既有建筑更新、改造、扩建和功能提升等方向发展。东莞是粤港澳大湾区重要节点城市，是国际制造业名城，地理位置优越。东莞土地开发强度已近极限（接近50%），资源、环境、交通压力与日俱增，"城市病"凸显，全域土地开发分散化、碎片化现象严重，土地利用效率低，严重阻碍了东莞市高质量发展。东莞市政府提出了"湾区都市、品质东莞"的城市发展定位，对人居环境质量提出了新要求，城市空间需求骤涨。拓展城市发展空间，提高土地利用效率成为东莞发展的必然要求。

　　东莞国际会展中心建成于2002年，属于大跨度钢结构展览建筑。随着东莞社会经济的快速发展，以及会展业国际化、专业化、规模化的发展趋势，东莞国际会展中心作为展览建筑已经不能满足展览业的发展需求。东莞国际会展中心地处繁华市中心，建成以来深受东莞市民喜爱，成为东莞市民心中的标志性建筑。随着"放管服"改革的发展，东莞需新建集中式行政服务中心，即东莞市民服务中心。为了留住城市记忆，记录城市发展，倡导绿色环保理念，摒弃大拆大建的粗放式建设模式，东莞市政府经过充分论证，决定将东莞国际会展中心扩建、改造为东莞市民服务中心。东莞市民服务中心工程设计定位为东莞城市会客厅、市民服务新地标，整体风格为简洁现代，具有地方特色。改造、扩建设计秉承亲民、便民、绿色、人文的理念。

本工程是集扩建、改造和功能提升于一体的综合性、创新性工程，具有施工难度大、工程量大、工期紧、要求高等特点。各参建单位将提高土地利用效率、提高工程品质，以及践行绿色、环保发展理念，贯穿到工程的策划、设计、建造等过程。依托本工程，专门成立了科研小组，针对本工程特点和难点进行专项研究和开发，本工程在地下空间综合开发利用、装配化设计和建造、屋面和幕墙节能改造、特殊工程消防设计等方面取得了创新性的成果，工程投入使用以来，使用效果优良，得到了很好反响。本工程总结的经验、开发的创新性技术可以供其他类工程借鉴和应用。本书共11章，包括工程概述原建筑主体结构检测鉴定、装配式建筑设计与施工技术、建筑信息化管理、幕墙改造技术、屋面改造技术特殊消防设计与模拟分析、节能改造与设计、景观园林改造、交通组织设计和复杂环境基础工程施工。本书是工程各参建单位、技术咨询单位等共同努力的结晶。可供类似工程建设、设计、施工等单位从业人员参考、使用，也可供大专院校相关专业师生使用。

目 录

第1章

工程概况

东莞国际会展中心建成于 2002 年，地上 2 层，高 35.60m，主体建筑占地 27000m²，建筑面积约为 41457m²，属于大跨度钢结构展览建筑。随着东莞社会经济的快速发展，以及会展业国际化、专业化、规模化的发展趋势，东莞市国际会展中心作为展览建筑已经不能满足展览业的发展需求。东莞国际会展中心地处市中心，毗邻东莞市中心广场及国贸中心、环球经贸中心、康帝酒店等超高层商业建筑，处于东莞大道、鸿福路及地铁 1、2 号线交汇处，建成以来深受东莞市民喜爱，成为广大东莞市民心中的标志性建筑。随着"放管服"改革的发展，东莞需新建集中式行政服务中心，即东莞市民服务中心。为了留住城市记忆，记录城市发展，倡导绿色环保理念，摒弃大拆大建的粗放式建设模式，东莞市政府经过充分论证，决定将东莞国际会展中心扩建、改造为东莞市民服务中心。东莞市民服务中心工程设计定位为东莞城市会客厅、市民服务新地标，整体风格为简洁现代，具有地方特色。改造、扩建设计秉承亲民、便民、绿色、人文的理念。

扩建、改造后的东莞市民中心主体建筑地上 3 层、局部 4 层（夹层），局部地下 1 层（下沉广场），室外地下停车场和商业建筑为地下 2 层。本工程主体建筑改扩建总建筑面积 74482.69m²，室内外新增地下建筑面积 42989.65m²，幕墙改造面积约 20408m²，屋面改造面积 23218.56m²，总占地面积 92937m²，共有 1469 个停车位，总投资约 6.6 亿元。本工程是集大跨度钢结构建筑物改造、扩建与功能提升于一体的综合性、创新性大型工程建设项目。本工程周边环境复杂，交通繁忙，涉及既有建筑物内新建建筑、屋面及幕墙改造、建筑物内新增基础及下沉广场施工，室外地下停车场及商业配套施工，地铁连接通道和道路扩建施工及空调设备安装等，相关施工工艺繁多、施工难度大和参考案例甚少。本工程扩建、改造技术的研究与应用对类似大跨度钢结构建筑改造具有很好的借鉴、参考意义。

1.1 工程设计

东莞市民服务中心包括政务办事、办公、配套商业服务等功能，是广东省进驻部门最全、进驻事项最多和综合窗口集成最高的行政办事中心。本工程包括主体建筑改造扩建部分、建筑物外新建地下停车场和商业建筑部分（地下1、2层），屋面和幕墙整体改造，以及建筑物内外地下空间和地铁三处地下空间的连通工程。原会展中心建筑主体结构保留，包括外部主体钢结构和内部钢结构柱，主体建筑内部新建3、4层建筑物，中心部位新建下沉广场（面积1040m²），各层功能设置见表1-1。为了满足办事市民停车和商业需求，在主体建筑物新建地下1、2层地下停车场和商业建筑。为了便于办事市民乘坐地铁及乘车办事便利性，建设连接通道将地铁、主体建筑外地下停车场及室内地下空间连通（图1-1、图1-2）。

主体建筑各层功能设置情况表 表 1-1

建筑楼层	区域功能及用途	层高
一层（L1）	办事大厅、配套服务用房、办公用房、设备用房等	5.95m
二层（L2）	办事大厅、办公用房、设备用房等	6.00m
三层（L3）	办公用房、设备用房等	6.00m
四层（L4）	办公用房、设备用房等	6.00m

图1-1 东莞市民服务中心实景图

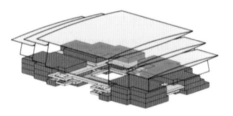

图1-2 东莞市民服务中心空间布局图

本工程体量大，施工工期短，整个工程要求一年内完成；此外，技术要求高、施工难度大：本工程为在既有钢结构内部新增建筑，有限空间内部施工作业困难，起重、物料运输、施工空间等都具有一定难度，缺乏可借鉴的成熟施工经验。因此，以前期设计策划为重点，分析解决本项目系统性、多维性和复杂性问题，具有指导工程实践的重要意义。本工程设计重点、难点有如下几个方面。

（1）本工程位于市中心区，用于行政办事服务，景观园林设计和建筑幕墙、屋面围护结构改造要体现东莞传统文化,达到城市会客厅和城市新地标的高度。施工工期紧、内部改扩建工程量大，整体采用装配式钢结构体系，采用BIM技术参与项目策划、设计、施工等全过程。

（2）本工程周边交通繁忙，周边环境复杂，为了满足行政服务的便利性和高效性，需要新建地下停车场,配套部分商业服务区。新建地下停车场在原地面停车场开挖建设,对周边道路、地铁、管线的保护要求较高，如图1-3所示。为了满足文化、宣传和公共活动的需求，在内部中心位置新设下沉广场（地下空间）。地下停车场（配套部分商业）、下沉广场、地铁三处地下空间通过新建连接通道连通，连接通道穿过多种重要管线和建筑基础梁，对施工精度和变形控制要求严格。

（3）由于使用功能的改变，消防设计难以满足新的使用功能，需要进行专项消防研究和模拟分析。消防设计是整个设计环节中难度最大的部分，由于原建筑的开间进深尺寸过大，无法满足现行设计规范的规定，为此设计方案提出了创造性的解决方案：通过"十字内街"将原建筑分成四个防火分区，同时借用"十字内街"解决建筑内部的人员疏散。

（4）建筑使用功能的改变，幕墙、屋面围护结构的改造既要满足采光、通风和舒适性要求，又要满足节能、消防和美观的等要求。

（5）空间改造是设计的重点，原建筑作为会展建筑，存在空间尺度过大、建筑层高过高等问题，设计方案通过在原建筑内部增加隔层的手法，将原长方体的矩形展览空间设计成T形的"梯田"空间，有效地化解了原空间尺度的巨大，丰富了空间层次感。设计方案另一个创新之处在于通过"十字内街"的植入，将原巨大的建筑平面分解成四个相对独立的小空间，"十字内街"就像商业步行街一样，设有不同形式的垂直绿化墙、声光电的多媒体互动展示设备，"十字内街"不仅是不同功能区的联系枢纽，更是市民们交流互动、了解东莞历史文化的场所。原建筑的室内色调以冷灰的金属色为主，改造方案以白色和原木色作为空间的主色调，在宽敞明亮屋顶的辉映下，空间氛围极具震撼性和亲和力。

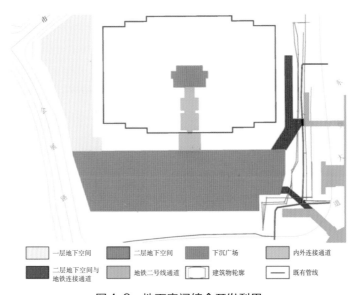

图1-3 地下空间综合开发利用

改造后的市民服务中心是一种全新的功能综合体，非单纯意义上的政务办事大厅，在这里不仅可以享受快捷高效的政务服务，还可以近距离接触各种高科技的互动展示，不仅可以享受"一站式"的周边配套服务，还是了解东莞历史文化和风土人情的窗口。东莞市民服务中心，就是东莞全体市民朋友们的"市民之家"。

1.2　主要技术及创新

1.2.1　地下空间综合开发利用

东莞市民服务中心为行政服务中心，服务广大企业和市民。周边紧邻东莞大道、鸿福路及地铁1、2号线换乘站，投入使用后的人流量预计超过2万人次/天，由于地处交通繁忙的市中心，需要综合考虑交通和停车便利性。为此，在原主体建筑物外地面停车场新建地下2层局部1层停车场（配套部分商业区），并新建连接通道将停车场与地铁车站连通。为了满足文化、娱乐等公共活动的需求，在建筑内中心区域设置下沉广场，下沉广场通过新建连接通道与地下停车场连通。最终实现地铁车站、主体建筑外地下停车场、主体建筑内下沉广场三处地下空间的连通。可实现地铁车站和地下停车场到办事窗口不经过地面便捷到达，大大提高了行政服务的便利性和高效性。实现了大型建筑物内外新增地下空间与地铁连通，减轻地面交通压力，实现了地下空间综合高效开发利用。

建筑物内下沉广场与新建地下停车场连接通道需要穿过建筑物基础，连接通道的基坑支护设计、监测和施工技术对保障工程安全非常重要。本工程采用了组合式钢板桩和钢支撑支护体系，采用有限元分析软件对支护结构和施工过程进行了模拟，以便于指导施工。建筑物外地下停车场（部分商业）与地铁车站连接通道需要穿越诸多地下管线和管井，包括雨水管、污水管、给水管及通信电缆等，还有两个砌体管井（雨水和污水）位于明挖连接通道基坑内。由于场地周边环境复杂、狭窄，管线迁改困难，且影响工期，经过慎重论证和模拟分析，决定对管井采取原位加固悬吊保护，开发了位于明挖基坑中砌体管井的原位保护技术（图1-4）。

1.2.2　装配式设计和建造

根据工期紧和施工困难的特点，决定采用装配式钢框架结构体系。钢结构建筑具有轻质高强、建设速度快、施工精度高、建造过程节能节水节地、对城市环境影响最小、综合造价低等优点，本项目由于有限空间而无法收纳大量建筑材料、难以储运模板与搭设脚手架、粉尘污染控制困难，通过采用装配式钢框架结构体系，降低对项目所处的城市核心区周边环境和秩序的影响程度，缩短建造周期，且可满足改建后空间高大宽敞的使用效果。

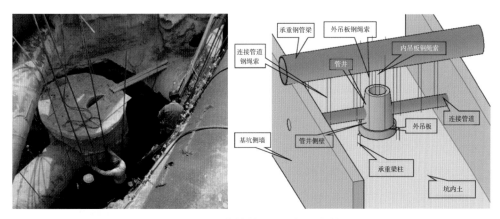

图 1-4 砌体管井的原位加固保护

本工程主体建筑钢结构，主体采用型钢柱和型钢梁，楼板采用压型钢板楼承板，内墙板采用 ALC 墙板。依据现行国家标准《装配式建筑评价标准》GB/T 51129，其装配率为 82%，可认定为 AA 级装配式建筑。所采用的装配式结构构件中，主体构件包括 2 种规格预制型钢柱共 304 根，7 种规格预制型钢梁共 2225 根，3 种预制钢结构楼梯和压型钢板楼承板，主体构件部品规格应用比例和标准化程度高，采用连接方式以螺栓连接和焊接为主的干式工法施工。除主体采用钢结构，其围护体系使用具有装配式意义的铝单板幕墙和支框玻璃幕墙，内隔墙采用 ALC 墙板和防火玻璃隔墙实现围护墙非砌筑；设备管线架设于集成吊顶和装配式成品墙（装饰板）空腔实现管线分离；建筑功能空间的内装和设备设施安装全部完成，满足建筑使用功能和性能的基本要求，实现全装修。采用 BIM 技术指导工程策划、设计、施工、维护等建筑全过程（图 1-5、图 1-6）。

图 1-5 主体结构梁柱施工

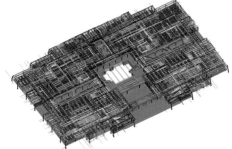

图 1-6 首层机电综合管线 BIM 模型

1.2.3 特殊消防设计和模拟

主体建筑改建保留了原大空间外层钢构架，通过用途为连通功能的"十字"形公共区域将新加建的四层建筑分隔为四个独立的区域，相应区域每层独立划分防火分区。对于此类建筑，普遍存在空间布局复杂、建筑面积太大以及疏散出口布置不合理等问题，这会导致火灾时建筑内部人员无法快速寻找到疏散通道、疏散路径过长或者疏散人员分流不合理等问题，且内部存在大量办事人员，火灾的发生将会造成无法挽回的损失和严重的社会负面影响。目前，国内建筑设计规范和防火设计规范对于政务集中办公建筑内部人员密度没有明确的规定，且国内并无对于大型公共建筑改扩建项目的消防设计分析案例，缺乏相关标准和经验，因此对于消防设计中的建筑定性、建筑消防安全性、疏散设计等方面无具体标准可依。建筑设计耐火等级为一级，依据建筑的自身特点进行特殊消防设计分析，相关研究分析思路如图1-7所示。

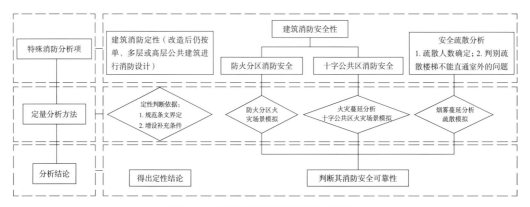

图1-7　消防安全策略研究分析思路

本项目建筑高度为35.6m，原建筑定性为建筑高度大于24m的单层公共建筑，改造后由于功能需求，内部增加4块三层（局部四层）政务办公用房，改造后建筑属于单层和多层组合建造的情况，此时确定是按单、多层建筑还是高层建筑进行防火设计，主要根据建筑具有使用功能的层数和建筑高度确定：改造后建筑内具有使用功能的楼层主要为三层，局部四层，人员活动最高点的高度仅18.0m，该层顶板高度不大于24.0m。从建筑本身的竖向疏散能力和消防扑救能力分析，建筑内各层均有满足规范要求的安全出口；同时，建筑内需要消防队员登高扑救作业的顶板高度不超过24.0m。根据规范，可判定将本工程定性为耐火等级为一级的多层公共建筑，防火分区设计、疏散设计、消防设施设计等按多层民用建筑的设计要求进行设计。

由于建筑使用功能要求，内部设置"十字"形的公共区进行连通，十字公共区顶部设置有顶盖，设置顶盖的公共区域空间性质属于室内。十字公共区周边办公区域多个主要疏散出口需通过十字公共区间接疏散至室外安全区域，且上部楼层部分疏散楼梯在首层也需通过公共区疏散至室外安全区域（图1-8），即十字公共区需作为人员疏散的临时过渡区，区域疏散的消防安全性需要进行分析，并提出加强措施。设置十字公共区主要为了内部各单体之间的功能连通，形成"天然"的防火隔离带，同时为人员疏散提供了过渡区域，故公共区的安全性是建筑整体疏散安全性的关键。基于十字公共区对于防止建筑火灾蔓延、保障人员疏散的重要作用，可通过火灾荷载控制、防火分隔设计、疏散设计、排烟设计、灭火系统设计等方面提出设计策略，来保证十字公共区消防安全。通过屋面可熔断膜结构的设计实现排烟要求，如图1-9所示。利用烟气模拟软件FDS和人员疏散软件STEPS对不同火灾情景进行模拟，确保消防设计满足安全要求。

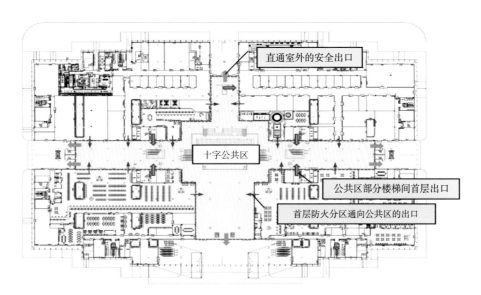

图1-8 首层公共区疏散图

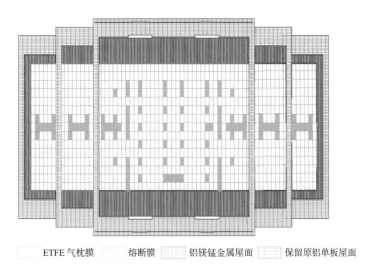

图1-9 可熔断充气膜设置示意图

1.2.4 幕墙改造

原会展中心采用框支承玻璃幕墙，经过 17 年的长期使用，部分玻璃破损。改造后用于行政服务，敞开式大空间的行政服务功能和较大人流导致能耗较高。为了满足节能、舒适和外观的需要，需对原玻璃幕墙进行改造。设计方案取消了原幕墙，内部新建玻璃幕墙，利用保留的结构体系设计了外遮阳系统，形成一道新建外墙遮阳格栅，极大地减少了太阳直射带来的热量，节能效果显著。本工程幕墙改造既包括原幕墙玻璃和铝框架的拆除，也包括原有框支承结构的改造利用，以及内部新建玻璃幕墙等。通过在既有幕墙支承结构和新增设的横梁和立柱上包裹一层金属板材（氟碳喷涂铝单板），并将玻璃幕墙内置，形成复合幕墙体系，实现对原有幕墙的功能性改造，改造后的幕墙达到了节能和美观效果。原玻璃幕墙及改造过程如图 1-10、图 1-11 所示，新增铝单板包裹面积达 4.5 万 m²，外观上保留了立面工业质感，密拼的线条被交界处的方孔弱化，视觉上看似精巧编排的整块四方格网，主体幕墙直线条给人感觉舒适性和整体性较强，突出阳光的概念与挺拔的风格，体现了工业文明时代的速度和效率，展现了东莞非物质文化遗产—千年莞编的肌理和制造之都的风格。

图 1-10　原玻璃幕墙

图 1-11　改造为外遮阳格栅

1.2.5 屋面改造

原屋面主材为三层压型钢板屋面，边缘为铝单板，原屋面经过十七年的使用，出现多处渗漏现象，维修成本高，使用效果差。本次屋顶改造需拆除原压型钢板屋面，在原屋顶钢结构上做新屋面，为了满足消防排烟、采光、节能、环保和美观要求，本工程对屋面结构进行组合设计：中间部位采用 ETFE 气枕式膜结构，部分设置成熔断膜，熔断膜面积和位置，根据消防排烟模拟计算确定；屋面边缘悬挑部位保留原来的铝单板屋面；ETFE 气枕和铝单板之间的区域为新增设的铝镁锰金属屋面。ETFE 气枕膜结构具有优良的力学性能，还具有透光性好、隔热、防火、自洁和可回收等优点，其自重轻还能减轻主体结构荷载，保证建筑物结构安全，考虑到ETFE气枕膜造价高，故在ETFE气枕与铝单板之间采用铝镁锰金属板屋面。这种金属板屋面可以有效地将其他两种不同形式的屋面进行连接，且确保经济效益最优。为了解决消防难题，采用ETFE膜结构熔膜体系技术能够迅速而有效地达到工程所需消防排烟要求，且气枕熔断过程中不产生明火，对建筑工程整体损害非常小，满足消防、环保等要求。气枕式膜结构的设计计算，采用专业膜结构设计软件EASY、3D3S膜结构模块完成。在经过膜结构基本体系和方案选择后，气枕式膜结构的设计主要包括整体构造、初始形态的找形、裁剪设计、荷载分析、充气系统的设计。本工程的ETFE膜结构作为屋面系统，同时需要进行防雷和防水排水设计。

1.3 小结

随着社会经济的快速发展，越来越多的大跨度钢结构建筑已不能满足新时代需要，面临改造、拆除等问题。根据东莞市国际会展中心改建为东莞市民中心的具体需求，各参建单位对大跨度钢结构建筑改建技术进行了研究，针对本工程的一系列重点难点内容提出了针对性的解决方案和技术措施。可供其他类似工程借鉴的创新技术有以下几点。

（1）既有建筑地下空间综合开发利用。本工程在大跨度钢结构建筑物内开挖建设了下沉广场，通过新建连接通道将下沉广场与主体建筑外新建地下空间（停车场和商业）、主体建筑外新建地下空间与地铁车站进行连通，从而实现三处地下空间的连通和利用。市民通过地铁可不经地面直接到达办事窗口，建设过程中解决了连接通道穿越建筑物基础和管线管井的原位保护难题。

（2）根据工期紧和施工困难的特点，内部扩建建筑采用装配式钢框架结构体系。采用型钢柱和型钢梁，楼板采用压型钢板楼承板，内墙板采用ALC墙板。依据现行国家标准《装配式建筑评价标准》GB/T 51129其装配率为82%，可认定为AA级装配式建筑。

（3）特殊消防设计和模拟。本工程主体建筑存在定性争议、面积大、疏散路径长、消防排烟难以满足等难题。根据实际情况进行了专项消防设计和模拟分析。基于十字公共区对于防止建筑火灾蔓延、保障人员疏散的重要作用，通过在火灾荷载控制、防火分隔设计、疏散设计、排烟设计、灭火系统设计等方面提出设计策略，保证十字公共区消防安全。通过屋面可熔断膜结构的设计实现排烟要求，利用烟气模拟软件FDS和人员疏散软件STEPS对不同火灾情景进行模拟，确保消防设计满足安全要求。

（4）幕墙改造。取消了原幕墙，内部新建玻璃幕墙，利用保留的结构体系设计了外遮阳系统，形成一道新建外墙遮阳格栅，极大地减少了太阳直射带来的热量，节能效果显著。

（5）屋面改造。本工程对屋面结构进行组合设计：中间部位采用 ETFE 气枕式膜结构，部分设置成熔断膜，熔断膜面积和位置，根据消防排烟模拟计算确定；屋面边缘悬挑部位保留原来的铝单板屋面；ETFE 气枕和铝单板之间的区域为新增设的铝镁锰金属屋面。改造后的屋面具有良好的力学性能和采光、隔热效果，可熔断膜还具有消防排烟的功能。

另外，针对本工程工期短、结构复杂、施工工序多、技术要求高、施工组织繁杂等难题，采用 BIM 技术对项目策划、设计、施工等全过程进行模拟和指导，取得了良好效果。

本章参考文献

[1] 周书东，张彤炜，刘亮等.复杂环境下明挖基坑砌体管井保护技术 [J].广东土木与建筑，2020，27（02）：53-55.

[2] 徐伯英.装配式钢结构中小学校建筑实践——以上海市新建浦江镇第五小学为例 [J].住宅科技，2019，39（06）：5-8.

[3] 廉大鹏，赵百星，侯学凡，吴长华.轻型钢结构装配式学校的设计实践——深圳梅丽小学腾挪校园 [J].建筑技艺，2019（06）：70-77.

[4] 余佳亮，常明媛，张耀林，孙伟.装配式钢结构在医院建筑改扩建工程中的应用 [J].钢结构，2019，34（03）：59-63.

[5] 四川法斯特消防安全性能评估有限公司.东莞市民服务中心特殊消费设计分析报告 [R].广东东莞.2019.

[6] GB 50016-2014，建筑设计防火规范 [S].

[7] 刘峻峰.ETFE 膜结构熔膜体系施工技术 [J].结构施工，2016，38（4）：461-463.

[8] 姜忆南，葛建，王佳等.更新理念与技术措施的统一——基于 ETFE 膜气枕系统技术的既有建筑更新改造 [J].旧建筑改造，2019：205-207.

第 2 章
原建筑主体结构检测鉴定

2.1　概述

东莞国际会展中心为 2 层大型钢结构公共建筑，为市属重点工程，有齐全正规的设计、施工、监理和竣工手续，工程施工质量有可靠保证，该房屋于 2002 年 10 月竣工并投入使用至今。现为了将原展览功能改变为政务服务中心用途，通过对东莞国际会展中心中不能满足升级改造项目的实用功能、外观要求、规范标准要求等对结构进行改造，在实施改造前需了解本建筑的现状结构安全性，对会展中心现状结构进行全面安全检查。

2.2　原建筑概况

东莞国际会展中心位于广东省东莞市东莞大道与鸿福路交汇处，为大型钢结构公共建筑，总层数为 2 层，屋盖高度为 36m，总建筑面积为 41517m^2（图 2-1）。

既有建筑采用预应力高强混凝土管桩基础，其承重柱为 Φ800、Φ1000 钢管混凝土柱及 H 型钢柱。各层楼面采用钢柱与钢梁、钢桁架组成的钢框架结构体系，楼面采

图 2-1　东莞国际会展中心

用压型钢板＋配筋混凝土组合楼板；屋盖为空间桁架结构，由主桁架结合次桁架与蜂窝梁组成屋面承重体系，其中空间桁架上下弦与腹杆采用圆钢管，大跨度主桁架下弦设置预应力，屋面为彩钢压型钢板与铝塑板组合；外墙采用幕墙作为围护系统，结构形式为框支撑玻璃幕墙，幕墙骨架为 H 型钢和方钢管，墙面材料为玻璃或铝塑板。

2.3 结构安全鉴定

本节主要针对建筑的结构主体、围护结构、楼面结构和屋面结构进行检测、变形测量等，安全鉴定主要内容包括以下方面：

（1）资料汇集：收集原设计与施工相关图纸、施工验收等资料。

（2）结构基本情况核查：根据原设计施工图，对建筑的各层平面布置、结构形式、结构布置、桁架尺寸等进行现场核查。

（3）结构使用条件勘查：楼屋面荷载、分隔墙布置、使用环境、使用历史。

（4）地基基础勘查：倾斜测量、地基变形、上部结构倾斜度等。

（5）倾斜与变形测量：采用全站仪对建筑竖向结构和水平屋面桁架结构进行倾斜（挠度变形）测量。

（6）上部结构表观勘查：结构构件破损情况、变形，梁柱板可见裂缝或钢筋锈蚀情况，填充墙开裂情况等，检查屋面空间桁架支座工作情况。

检查测量项目及设备情况（表 2-1）：

主要钢构件规格类型   表 2-1

序号	检查测量项目	检查测量设备
1	柱网、屋盖高度、层高等	卷尺、测距仪
2	钢柱、钢梁、钢屋架的构件截面测量及涂层检查	长爪游标卡尺、超声测厚仪、游标卡尺、卷尺、锤子、高空作业车
3	构件及连接节点检查	游标卡尺、卷尺、工业内窥镜、高空作业车
4	桁架支座情况检查	卷尺、游标卡尺、锤子
5	高空屋面的檐口、边缘区域检查	无人机
6	垂直度测量、桁架挠度测量	全站仪
7	楼地面平整度测量	水准仪

2.4 检查测量结果

2.4.1 项目资料及使用历史

东莞国际会展中心于 2002 年 10 月竣工并投入使用。设计单位为同济大学建筑设计研究院，施工单位为中建三局，监理单位为广东工程建设监理有限公司（图2-2）。在使用期间，房屋的用途、使用荷载等未曾作重大改变，也未发生过灾害事故。

图2-2 东莞国际会展中心项目竣工标志牌

2.4.2 结构布置及构件信息

东莞国际会展中心基础采用预应力高强钢筋混凝土管桩，承重柱主要为$\Phi800$、$\Phi1000$钢管混凝土柱及H型钢柱，各层楼面采用钢柱与钢梁、钢桁架组成的钢框架结构体系，楼板采用压型钢板+配筋混凝土组合楼板；屋盖为空间桁架结构，由主桁架结合次桁架与蜂窝梁组成屋面承重体系。

通过搭乘高空作业车，利用测距仪、卷尺、游标卡尺等工具对建筑柱网尺寸、结构布置、构件截面进行调查复核（图2-3～图2-6）。经调查，既有建筑的柱网尺寸、结构布置、构件截面与原设计施工图基本相符，检查情况如表2-2所示。

图2-3 边跨桁架测量　　　　　　　图2-4 中跨桁架测量

图2-5　桁架测量

图2-6　框架梁测量

结构布置及构件信息

表2-2

全部建筑面积		约17万m²	展馆范围建筑面积	41517m²
平面形状		矩形	长×宽	210m×138m
总层数		2层	层高	约36m
最大跨度		27m		
轴网尺寸	数字轴线	27m×3+24m×2+27m×3		
	字母轴线	6m×2+12m+18m×5+12m+6m×2		
房屋原用途		展览用途		
墙体材料		墙身除注明外均采用200mm或100mm厚轻质加气混凝土板材		
主体结构形式		钢结构框架桁架		
原建筑设计抗震设防烈度		6度	原建筑设计构件抗震等级	不考虑抗震
楼面使用荷载		二层楼面附加恒载4kN/m²，楼面活载4kN/m²		
主要构件实测尺寸（mm）	框架柱	Φ800×20钢管钢筋混凝土柱；Φ1000×25钢管钢筋混凝土柱；Φ1000×30钢管钢筋混凝土柱等		
	框架梁	H700×250×10×18；H500×200×11×19；H700×250×14×28；H700×250×10×18；H700×250×14×24等		
	次梁	梁高：2570 H700×250×10×18； 上弦：HK220b、下弦：HK220b； 腹杆：2∟140×12、2∟110×10、2∟70×5角钢； 下弦支撑：Φ20圆钢		
	板厚	120mm；85/160mm（0.8mm厚压型波纹板）；130mm		
基础形式		Φ500预应力高强混凝土管桩；Φ400预应力高强混凝土管桩		
变形情况		通过现场查勘，未发现建筑有基础不均匀沉降的迹象及明显的侧向变形或者在上部结构中的反应，建筑物的整体倾斜满足规范要求		
裂缝调查		通过对整幢建筑全面详细检查，主要检查柱、梁、板等构件及梁柱节点、围护结构等，未发现有结构性裂缝		
围护系统使用功能检查		未发现建筑有因基础不均匀沉降引起的围护结构的裂缝和变形，基础构件的工作状况良好		

2.4.3　附加荷载

各层楼层及屋面下的悬吊挂物,除装饰天花、消防设备、通风空调设备、灯具等与原设计设置的设备设施外,未发现有较重的附加吊挂物(图 2-7、图 2-8)。

图 2-7　通风管道　　　　　　　　　　　图 2-8　吊顶架空层情况

各层楼面及屋面的使用荷载正常,楼面不存在超出原设计的使用荷载,屋面无覆盖物等附加荷载(图 2-9、图 2-10)。

图 2-9　楼面情况　　　　　　　　　　　图 2-10　屋面情况

2.4.4　地面平整度及结构变形

为了解改造前项目地基与基础不均匀沉降及异常变形等情况,以便从变形方面量化分析建筑物的结构安全性,本节对建筑的楼地面平整度、外立面及承重柱的垂直度、空间桁架的挠度进行测量。

1. 首层地面平整度测量

对展馆首层室内地面有代表性位置的标高进行测量,结果如图 2-11 所示。展厅首层室内地面最大高度差为 40mm,且较大的高度差主要集中在中庭无柱区;经检查,室内地面、上部结构未发现有基础不均匀沉降的迹象或变形，承重柱未见异常倾斜。相关检测、测量结果表明基础构件工作状况良好。

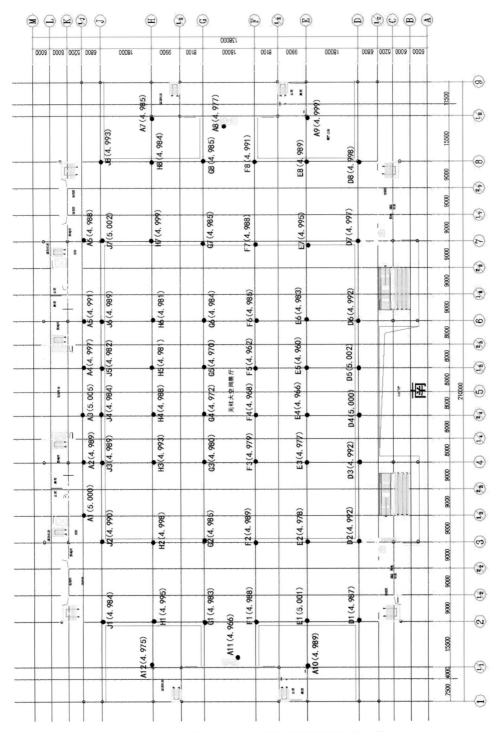

图 2-11　东莞国际会展中心首层地面测点标高示意

2. 二层地面平整度测量

二层 4～6×1/C～D 轴区域楼面位于 1/C 轴一侧为悬索吊挂结构。现场检查未发现该区域楼面有明显倾斜，悬索未见松弛，且与常规楼面交接处也未见有开裂现象。为了解该区域楼面平整度，对区域内有代表性的位置标高进行测量（测点 1-1

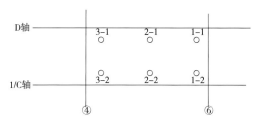

图 2-12 楼面观测点示意图

点假定高程为 1.000m）。测点位置详见图 2-12，具体测量数据详见表 2-3，地面标高略高于（8～11mm）D 轴一侧，后续改造施工时应消除拉索受力产生的不利影响而采取的措施。

二层楼面相对标高测量结果　　　　　　　　　　　　　表 2-3

点号	高程（m）	点号	高程（m）	点号	高程（m）
1-1	1.000	2-1	1.000	3-1	1.000
1-2	1.008	2-2	1.006	3-2	1.011

经测量，二层楼面基本平整，未见异常的开裂、倾斜等变形；未见基础不均匀沉降引起的承重柱异常倾斜；现状房屋的室内地面、上部结构（承重柱、框架梁、楼板等）暂未发现有基础不均匀沉降的迹象或变形。

3. 承重柱倾斜度观测

建筑物中庭为宽 102m，进深 90m，高 36m 的大空间。该区域承重柱对于既有建筑整体结构安全尤为重要，而承重柱的垂直度是评定柱子安全状态的一个重要指标。为了解中庭周边承重柱的垂直度，对相关有代表性的承重柱进行了倾斜度测量，测点布置如图 2-13 所示。

承重柱倾斜度观测结果　　　　　　　　　　　　　表 2-4

测点（轴号）	测量高度（m）	倾斜量（mm）	偏移比值	倾斜度（‰）
1（4×J）	29.9	3	1/9967	0.10
2（6×J）	29.9	32	1/934	1.07
3（4×D）	29.9	28	1/1068	0.94
4（6×D）	29.9	14	1/2136	0.47
5（3×H）	29.2	10	1/2920	0.34
6（3×F）	29.2	23	1/1070	0.79
7（7×H）	29.2	8	1/3650	0.27
8（7×F）	29.2	4	1/7300	0.14

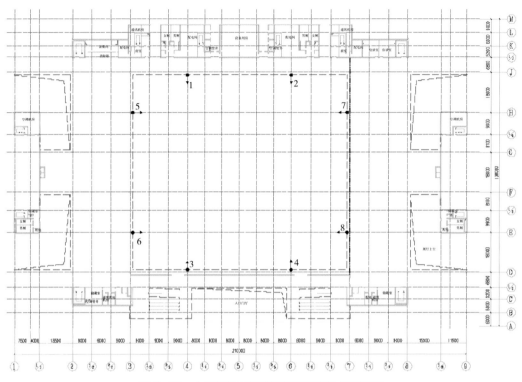

图2-13 中庭周边承重柱倾斜度观测点布置图

如表2-4所示，4×J、6×J、4×D、6×D、3×H、3×F、7×H、7×F轴承重柱的倾斜度分别为0.10‰、1.07‰、0.94‰、0.47‰、0.34‰、0.79‰、0.27‰、0.14‰，倾斜率均符合国家规范的安全限值要求，且方向各异。

4. 桁架相对高程

中庭位置屋顶为空间桁架屋盖结构，其中4、5、6轴为大跨度主桁架（90m）的安全性是影响房屋整体结构安全的重要因素，主桁架及次桁的挠变形情况是评定空间桁架安全状态的一个重要指标。现对4、5、6轴主桁架及E、H轴次桁架下弦的挠度变形进行测量。测点位置详见图2-14，具体测量数据详见表2-5。

5. 立面倾斜度观测

建筑外立面为幕墙体系，南、北外立面的设计斜度为73°18′，东、西外立面为垂直面。东、西、南面幕墙竖向主龙骨采用大截面工字钢立柱，北立面主龙骨采用工字钢立柱或方钢管立柱，横向龙骨采用方钢管。为了解幕墙龙骨的变形情况，现对各向有代表性的龙骨进行倾斜度测量，测点位置如图2-15和图2-16所示，具体测量数据详见表2-6和表2-7。

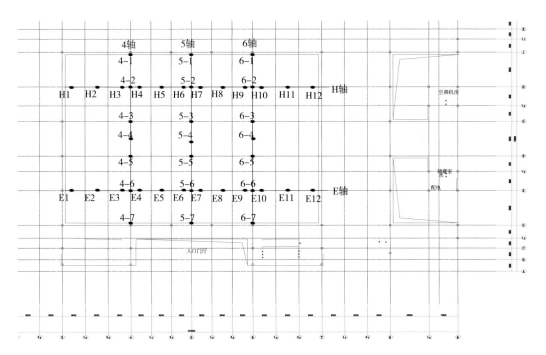

图 2-14　中庭桁架下弦挠度观测点示意

桁架下弦高程观测结果（m）　　　　　　　　　　　　　　表 2-5

位置	相对高程	位置	相对高程	位置	相对高程	位置	相对高程	位置	相对高程
H1	43.15	E1	43.19	4-1	41.29	5-1	41.31	6-1	41.34
H2	43.11	E2	43.16	4-2	40.47	5-2	40.43	6-2	40.36
H3	43.10	E3	43.13	4-3	40.10	5-3	40.09	6-3	40.06
H4	43.15	E4	43.11	4-4	40.09	5-4	40.06	6-4	40.04
H5	43.10	E5	43.16	4-5	40.18	5-5	40.10	6-5	40.11
H6	43.11	E6	43.19	4-6	40.47	5-6	40.48	6-6	40.37
H7	43.09	E7	43.18	4-7	41.36	5-7	41.34	6-7	41.34
H8	43.15	E8	43.20						
H9	43.20	E9	43.22						
H10	43.18	E10	43.15						
H11	43.16	E11	43.16						
H12	43.13	E12	43.16						

　　建筑南北向外立面的倾斜度（73°14′～73°18′）符合设计要求（73°18′）；东西向外立面的倾斜率及 4×J、6×J、4×D、6×D、3×H、3×F、7×H、7×F 轴柱的倾斜率均符合国家规范的安全限值要求，且方向各异。

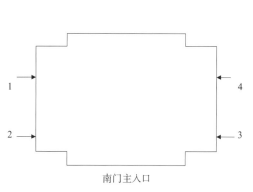

图 2-15 东西外立面倾斜度观测点位置示意

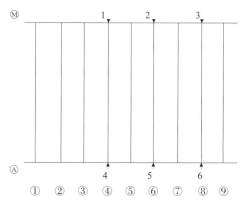

图 2-16 南北外立面（工字钢）斜柱
倾斜度观测位置示意

东西外立面倾斜度观测结果   表 2-6

测量点号	测量高度（m）	倾斜量（mm）	偏移比值	倾斜度（‰）
1	14.8	8	1/1850	0.54
2	14.8	12	1/1233	0.81
3	14.8	15	1/987	1.01
4	14.8	11	1/1345	0.74

南北外立面倾斜角观测结果   表 2-7

点号	高度 H（m）	平距 D（m）	倾斜角（° ′）	点号	高度 H（m）	平距 D（m）	倾斜角（° ′）
1	26.91	8.11	73° 14′	4	18.31	5.51	73° 15′
2	26.91	8.09	73° 16′	5	18.36	5.51	73° 18′
3	26.90	8.06	73° 19′	6	18.34	5.50	73° 18′

图 2-17 现场地面平整度测量

图 2-18 现场幕墙立面倾斜度测量

2.4.5　楼面梁、楼板的检查

本建筑各层楼面采用钢梁、钢桁架组成的钢框架结构楼面体系，楼板采用压型钢板＋配筋混凝土组合楼板。承重柱、钢梁的承载力不足或基础不均匀沉降等结构缺陷将导致上部结构的梁板产生变形、开裂等现象：如相关部位邻近连接节点螺栓松脱、焊缝开裂、节点板变形，钢梁自身异常挠度变形及楼板开裂、倾斜等（图 2-19）。因此，楼板的检查主要为裂缝及平整度检查，而楼面钢梁的检查主要为变形及连接节点检查。检查情况如下：

（1）二层 4 ～ 6 × 1/C ～ D 轴区域悬索吊挂楼面基本平整，未见异常倾斜。

（2）建筑各层楼面的基本平整，未见楼板有开裂、异常的挠度变形及异常倾斜等情况。

（3）对桁架梁、钢梁进行全面检查，对有代表性的重要部位拆除附近天花、装饰铝板进行重点检查。检查结果表明，钢框架梁与承重柱的连接可靠，连接节点未见焊缝开裂、螺栓松动变形等承载力不足的现象；桁架梁上下弦与腹杆的连接可靠，未见焊缝开裂；桁架梁下弦水平支撑连接牢靠、未见松弛。但楼面钢梁防火涂层普遍存在酥松并脱落的现象，而防锈底漆基本尚好；个别部位表面存在锈点，未见有明显锈蚀。

（4）部分排水管因落水口密封失效、管道破损等原因造成邻近钢梁、楼板板底压型钢板轻微锈蚀，面漆脱落。

图 2-19　钢梁变形检查，涂层、锈蚀检查现场照片

2.4.6　屋盖结构的检查

屋盖为空间桁架结构，由主桁架结合次桁架与蜂窝梁组成屋面承重体系。检查重点为桁架、钢梁的挠度变形及涂层、连接节点、支座、支撑等。

根据挠度测量结果拟合的 4、5、6 轴主桁架挠度曲线基本与设计相符（图 2-20），实测支座与跨中处的下弦高度差分别为 1200mm、1270mm、1250 mm、1280 mm、

1300 mm、1300 mm，均少于设计的高度差（1330mm）；E、H 轴次桁架下弦挠度曲线基本拟合。相关检测、观测结果表明屋面空间桁架的工作状况良好。

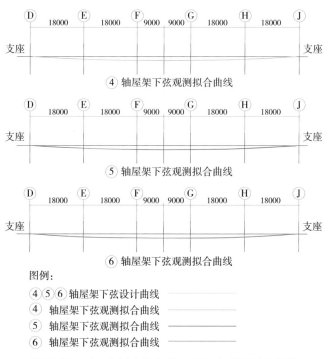

图 2-20　4~6 轴主桁架的下弦挠度观测拟合曲线

通过搭乘高空作业车对空间桁架进行全面检查。检查发现主桁架的上下弦线条流畅，次桁架上下弦平直，各桁架腹杆无弯曲变形；屋面蜂窝梁未发现异常挠度变形；各构件的焊缝连续、饱满，未发现异常挠度变形及焊缝开裂、螺栓松动等现象；屋面支撑系统未见松弛、变形；支座无明显的松动及变形。屋盖钢构件的涂层基本完好，局部有脱漆（图 2-21）。

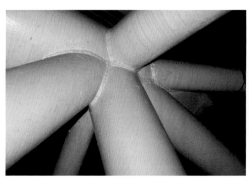

图 2-21　屋盖变形检查，涂层、锈蚀检查现场照片

2.4.7　幕墙的检查

幕墙骨架检查：南、东、西立面采用大跨度工字钢立柱（主龙骨），北立面采用工字钢立柱或方钢管立柱，骨架的结构布置、构件截面基本与设计相符；立柱与主体结构的连接可靠，未见弯曲变形；幕墙横梁与立柱边接可靠，无挠度变形。部分幕墙骨架的立柱、幕墙横梁的防火涂层存在少量的脱落（图 2-22）。

幕墙墙面材料检查：幕墙板材（中空玻璃、铝板）基本完好，与骨架的连接可靠；幕墙板材与骨架之间密封胶有一定程度老化，但目前防渗、气密等性能尚可（图 2-23）。

图 2-22　幕墙骨架检测　　　　　　　图 2-23　幕墙墙面检测

2.4.8　屋面的检查

建筑物屋面板的板材为压型钢板、铝扣板，其中屋面的中间部位采用压型钢板，缘口等边缘位置采用铝扣板。屋面板与屋面桁架的连接可靠，基本无松脱（图 2-24、图 2-25）。现状屋面多处曾作防漏修补处理，目前局部屋面仍然存在渗漏，屋面天沟、檐口、天花板雨后存在积水。经调查，引起屋面渗漏及积水主要原因有：①屋面板与气楼、采光棚交接处的泛水破损，且局部存在积水；②屋面板接口位置（压型钢板之间的接

图 2-24　压型钢板与路扣板接口情况　　　图 2-25　压型钢板间接缝情况

口、压型钢板与铝扣板交接处、铝扣板之间连接处等）的密封胶老化开裂导致密封失效；③屋面天沟落水口偏小及异物堵塞而引起排水不畅，天沟内雨水外溢并反渗入室内。

2.5 小结

东莞国际会展中心在建造时属市重点工程，有正规设计、施工、监理和竣工手续，工程施工质量有可靠保证。出于对建筑内部进行改变用途、改建、扩建等改造，在实施改造前为了解本房屋的现状结构安全性，对现状房屋结构进行全面安全检查。经全面检查检测，具体结论如下：

（1）经现场勘测，既有建筑结构布置、柱网尺寸、构件截面等与设计基本相符。

（2）经倾斜、变形测量，现状房屋的整体垂直度、楼（地）面平整度和屋面结构系统挠度变形均正常和良好，未发现建筑有基础不均匀沉降迹象和上部受力结构构件明显挠度变形。

（3）经现场全面检查检测，现状房屋未发现建筑有基础不均匀沉降的迹象，也未发现存在影响房屋上部受力构件安全的开裂、明显锈蚀、变形等缺陷。目前房屋整体结构的工作状态基本良好，未发现因主体受力构件的材料性能退化降低而影响结构安全度的因素。

（4）改造设计时，建筑的上部结构参数可依据原设计施工图并结合本鉴定报告中有关结构质量检查测量结果数据进行综合考虑。

本章参考文献

[1] 东莞国际会展中心房屋安全检查鉴定报告 .

[2] 东莞国际会展中心原设计文件、施工质量保证资料、现场勘查及检测结果等 .

[3] GB 50292-2015，民用建筑可靠性鉴定标准 [S].

[4] GB 50144-2008，工业建筑可靠性鉴定标准 [S].

[5] GB/T 50344-2004，建筑结构检测技术准标 [S].

[6] GB 50205-2001，钢结构工程施工质量验收规范 [S].

[7] GECS24：90，钢结构防火涂料应用技术规程 [S].

[8] GB 14907-2002，钢结构防火涂料 [S].

[9] JGJ 102-2003，玻璃幕墙工程技术规范 [S].

[10] 《关于印发〈既有建筑幕墙安全维护管理办法〉的通知》建质〔2006〕291 号 .

[11] 《广东省建设厅既有建筑幕墙安全维护管理实施细则》粤建管字〔2007〕122 号 .

第3章

装配式建筑设计与施工技术

3.1 装配式建筑技术应用概况

东莞市民服务中心项目是集大跨度钢结构建筑物改造、扩建与功能提升的综合性大型工程建设项目。一方面，本工程建设体量大、施工工期紧张：一期改造工期目标为 150 日历天，建设周期短；另一方面，技术要求高、施工难度大：本工程为在既有钢结构内部新增建筑，在有限空间内施工作业困难，如起重、物料运输、施工作业面等受限，缺乏可借鉴的成熟施工经验。因此，以前期设计策划为本工程重点，分析解决本项目系统性、多维性和复杂性问题，具有指导工程实践的重要意义。

考虑上述情况与特点，本项目采用先天具备装配式属性的钢结构体系。钢结构建筑具有轻质高强、建设速度快、施工精度高、建造过程节能节水节地、对城市环境影响最小、综合造价低等优点，适用于本项目由于有限空间而无法收纳大量建筑材料、难以储运模板与搭设脚手架、粉尘污染控制困难等工程特征，以及对项目所处的城市核心区周边环境和秩序影响小，建造周期短，且满足改建后空间高大宽敞的实用效果（图 3-1）。

图 3-1　一期主体施工现场

本项目在装配式钢结构体系中，主体构件包括 2 种规格预制型钢柱共 304 根，7 种规格预制型钢梁共 2225 根，3 种预制钢构楼梯和压型楼承板，主体构件部品规格应用比例和标准化程度高，采用连接方式为螺栓连接和焊接为主的干式施工方法。除主体采用钢结构，其围护体系使用装配化的 ETFE 气枕膜屋面、铝单板幕墙和支框玻璃幕墙，内隔墙采用 ALC 墙板和防火玻璃隔墙实现围护墙非砌筑；设备管线架设于集成吊顶和装配式成品墙（装饰板）空腔实现管线分离；内装和设备设施安装全部完成，满足建筑使用功能和性能的基本要求，实现全装修（图 3-2）。

图 3-2　市民服务中心交付使用

3.2　装配率评价

本节对东莞市民服务中心项目的装配率以国家标准《装配式建筑评价标准》GB/T 51129—2017 和广东省标准 DBJ/T 15-163-2019 分别进行计算，标准计算所得的预制装配率，如表 3-1 所示。项目依据国标和广东省标装配率评价标准计算的装配率分别为82% 和 84.5%，依据各标准评价等级划分均可评价为 AA 级装配式建筑（评价区间装配率为 76% ～ 90%）。

3.3　装配式设计

3.3.1　空间布局与平面布置

东莞市民服务中心在建筑内部规划布局上，在原有结构内部增加四层的单体建筑，

装配式建筑评分表 表 3-1

项目分类		项目应用评价项	国家标准	广东省标准
主体结构 （50分）	柱、支撑、承重墙、延性墙板等竖向构件（20～30）	全预制型钢柱	30	30
	梁、板、楼梯、阳台、空调板等构件（10～20）	全预制型钢梁、楼承板、钢楼梯	20	20
围护墙和内隔墙 （20分）	非承重围护墙非砌筑（5）	全玻璃幕墙、铝单板幕墙	5	5
	围护墙与保温、隔热、装饰集成一体化（3～5）	围护墙与保温、隔热和装饰一体化集成设计、现场干法施工	5	5
	内隔墙非砌筑（5）	ALC内隔墙板、防火玻璃隔墙	5	5
	内隔墙与管线、装修集成一体化（3～5）	墙体、管线和装修一体化集成设计、现场干法施工	5	5
装修和设备管线 （30分）	全装修（6）	公共区域与各功能空间主体设计与内、外装修设计同步协同设计（公共区域墙面完成干挂饰面，地面完成铺贴，天面完成吊顶；卫生间与功能房间墙面、地面完成铺贴等饰面天面完成吊顶开关、插座、灯、房门等安装到位，给水点位预留到位）	6	6
	干式工法楼面、地面（6）	缺项	—	—
	集成厨房（3～6）	缺项	—	—
	集成卫生间（3～6）	缺项	—	—
	管线分离（4～6）	管线架设于集成吊顶、开口式型材和装配式成品墙（装饰板）空腔	6	6
广东省标准其他评价项	预制构件与部品标准化（1）	钢柱和楼梯规格仅有两种、钢梁三种规格使用比例为94.5%	—	1
	BIM应用（1）	主体结构、外围护、室内装修和设备管线BIM模型完整	—	1
	工程总承包（0.5）	实施项目总承包	—	0.5
装配率计算公式得分评价			82	84.5

图 3-3 市民服务中心交付使用后空间布局

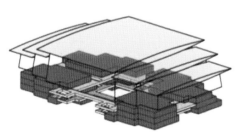

图 3-4 市民服务中心空间布局示意图

各层都设为模块化的标准单元，通过"回"字形连廊区将分隔的 4 个独立功能区相互连接，形成围合的中庭式空间，如图 3-5～图 3-8 所示，建筑顶部设置有高大网架顶盖，改造后建筑属于大空间单层场馆和多层建筑组合建造的情况。

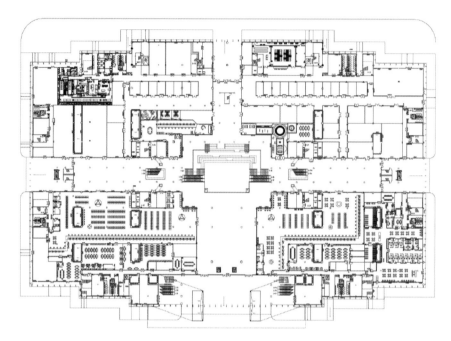

图 3-5　首层平面图

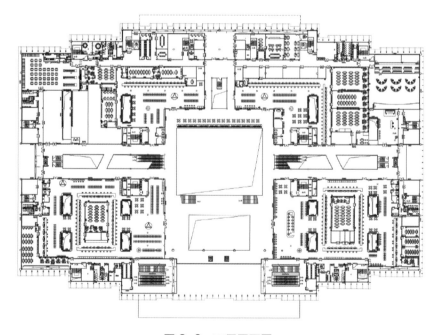

图 3-6　二层平面图

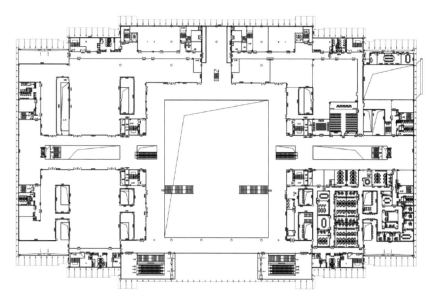

图 3-7 三层平面图

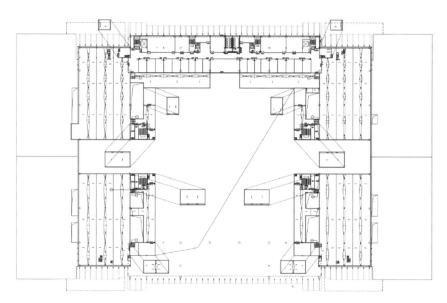

图 3-8 四层平面图

主体结构空间布置标准化。市民服务中心受到既有结构影响,其平面布置限制较多,因此内部新增建筑采用规则简单的形状,建筑设计选用大开间、大进深的平面布置。结构布置着眼于满足建筑使用功能、标准化程度、装配施工易建性、工程造价等几方面因素,结合规则方正的平面布置特点,本项目主体构件采用各层统一的布置方案:竖向构件上下连续和水平构件对齐连续,并成阵列布置,其平面位置和尺寸满足结构受力及构件预制的设计要求,有利于实现设计标准化和施工装配化。

　　功能用房平面布局按需布置。市民服务中心由标准模块化单元空间组合而成，功能用房平面通过安装轻质隔板墙分隔，实现不同功能单元使用空间的灵活分隔，满足市民服务中心民政、公安、建设等政务服务特殊需要。另一方面，轻质隔板墙体采用模块化设计，整合了装修面层、保温隔声、防水、防火层和结构层的预制板式构件，并多以标准板件在现场直接组合拼装。

　　设备管线与布局空间一体化策划。在设备与管线系统布置时兼顾总体设计，并与周围房间布置保持相同距离，楼梯、卫生间处于相同位置，使管网密集区主要集中于每个区域的一侧，如图 3-9 所示，设备检修时基本不影响区域功能大厅的使用，且有利于管线综合与内隔墙体系实行一体化设计和施工。

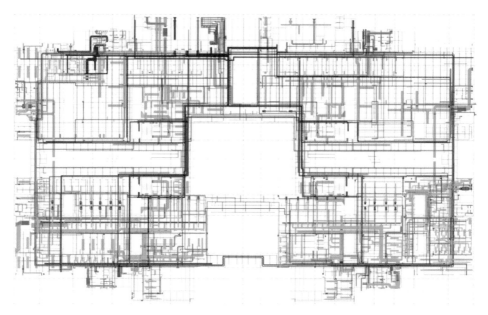

图 3-9　机电综合管线平面图

　　对于政务性公共建筑而言，布局的模数化、规则性，以及设备的集成化恰恰是其共性，而公共建筑建造主体大量采用钢结构体系。综上所述，本项目采用钢结构装配式体系、标准化平面、维护与隔墙系统和设备管线一体化集成的钢结构装配式体系建筑是最优选择。

3.3.2　标准化设计

　　装配式建筑标准化设计是以实现模数协调为目标，实现尺寸协调及安装位置的一种方法。标准化设计对装配式建筑尤为重要，是部品制造实现工业化、机械化、自动化和智能化的前提，是正确和精确装配的技术保障，也是降低成本的重要手段。本节所述标准化设计为本项目的主体结构构件规格和节点、内隔墙部品、装修和设备管线集成一体化设计。

1. 主体结构标准化设计

构件的标准化设计。如表3-2所示,本项目主体钢结构构件共有304根型钢柱和2225根型钢梁,其中两种柱截面类型和梁截面类型在预制构件使用占比达95%。对构件进行标准化设计,可最大化减少构件的规格种类和数量,让整个项目变得简单清晰,以提高装配安装的易建性。通过合理深化设计的钢构件,其规格种类少,在制作环节便于规模生产,利于生产质量控制和效率的提升,在安装环节提高了安装工人对构件的辨识度和减轻了构件重量;本工程构件最大重量为3.2t,仅需普通汽车吊即可解决本项目无法采用塔吊起重的问题。

主要钢构件规格类型 表 3-2

预制构件	规格(mm)	数量(件)
型钢梁	BH850×300×16×28	7
	BH750×300×14×25	17
	BH700×300×14×25	504
	BH600×200×12×18	33
	BH550×200×10×18	103
	BH500×200×10×16	1505
	BH400×200×8×14	56
型钢柱(焊接H型钢)	400×400×18	300
	600×600×30	4

节点的标准化设计。主体结构构件间的连接采用基于焊接和螺栓的干式连接方式,操作方便,构件间的连接方式共19种,但典型的连接方式(图3-10~图3-13)应用占比超过90%;其中,钢梁柱间连接均为腹板高强度螺栓连接和翼板焊接的栓焊混合连接,钢梁梁间连接采用高强度螺栓连接方式,楼承板通过栓钉与钢梁上表面熔焊相连。

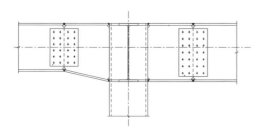

图 3-10 钢梁柱典型连接节点

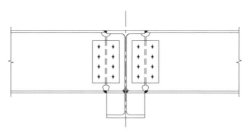

图 3-11 钢梁梁典型连接节点(刚接)

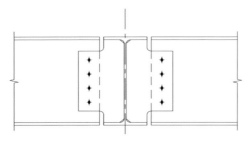

图 3-12 钢梁梁典型连接节点（铰接）

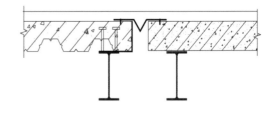

图 3-13 钢梁板连接节点（新旧楼板处）

2. 内隔墙装配化设计

本项目所采用的内隔墙类型主要为 ALC 墙板，如图 3-14、图 3-15 所示，100mm 厚 ALC 墙板用于分室墙，200mm 厚 ALC 墙板用于分区墙。与传统的砌块相比，预制内隔墙板其质量更轻、施工效率更高，从而使建筑自重减轻，基础承载力变小，可有效降低建筑造价；同时其具有强度较高、隔热、防水等良好性能。

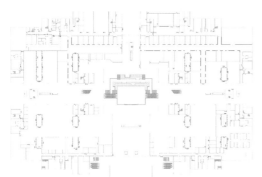

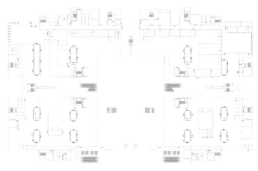

注：▓ 为幕墙和玻璃隔墙、▓ 为 ALC 墙板

图 3-14 首层围护与内隔墙结构情况

图 3-15 二层围护与内隔墙结构情况

图 3-16 现场 ALC 内隔墙

图 3-17 现场玻璃隔墙

本项目所设隔墙净高多为 5.5m，而 ALC 墙板标准长度规格为 2.8m，利用 ALC 隔墙板可切割性，采用垂直方向补板拼接处理，实现整墙铺设，拼接安装为干式作业和装配式施工。本项目 ALC 墙板规格尺寸、设计排版、安装顺序等与建筑、结构、装饰和水电暖专业协同互动，从细部上综合考虑门窗洞口数量和尺寸，各种埋件数量、规格和位置，管线的安装特别是线管集中之处对墙面的刨凿影响，如图 3-20、图 3-21 所示。

图 3-18　ALC 内隔墙排版示意（整墙）

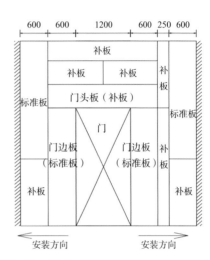

图 3-19　ALC 内隔墙排版示意（整墙开洞）

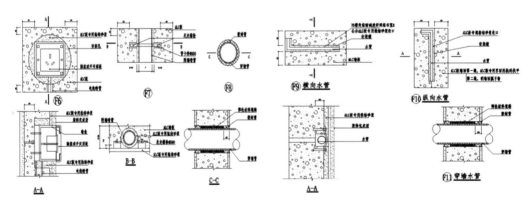

图 3-20　附墙暗装配件、暗管及穿墙管构造做法　　　图 3-21　附墙水管构造做法

3. 装修和设备管线一体化设计

市民服务中心装修一体化设计所涉及设备管线类型较多，如图 3-22 所示，涵盖设备管线与内装、围护结构和竖向主体结构间的系统集成，装修和设备管线部品分类，如表 3-3 所示，在设计阶段就需要统筹暖通、给水排水、机电、通风等管线空间排布走向以及相应接口开放性设计。项目装修和管线一体化设计策略主要考虑前置和集成设计：（1）将区域用房的功能性需求于设计阶段前置，如前所述，基于不同行政单位

对不同的个性功能化需求，寻求适应不同政务办事需求的空间布局；（2）装修与设备管线集成化设计，在设计前期利用 BIM 技术的进行细化设计和专业协调，形成装配性强和适用性好的集成化部品。

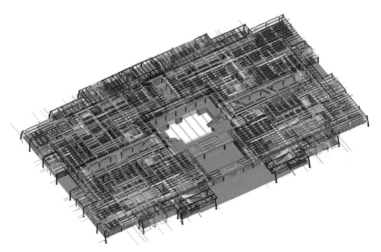

图 3-22 市民服务中心首层机电综合管线 BIM 模型

市民服务中心装修和设备管线部品分类 表 3-3

围护结构部品	墙面	饰面板、管线层、开关线盒、工具箱
	柱面	饰面板、防火层、管线层
	吊顶	面板、管线层、设备层、主体构件
设备部品	给水排水系统	给水管线、排水管线、消防管线、连接部品
	电器及智能化系统	配电箱、照明、开关线盒、插座、设备管线、功能设备、接口部品
	新风系统	换气机、管道、排风扇、排风口、连接部品
	暖通系统	热交换器、冷源设备、空调水管线、连接部品
	排烟系统	排烟管道、排烟口、过滤部品、连接部品

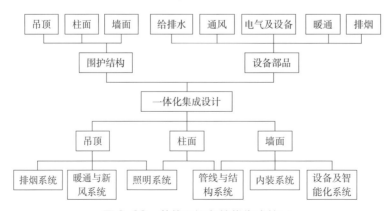

图 3-23 装修和设备管线集成关系

传统装修通常是在土建的基础之上进行设备部品、内装部品的设计与施工，专业间相互脱节，但装配式一体化装修更强调的是通过不同专业间的协同，集成建筑、结构、设备系统、装饰装修设计方法，实现工业化建筑的高度集成。市民服务中心在设计和安装时需要与建筑、结构、专业工程分包等方共同协调，然后将各类设备进行部品模块化设计，通过 BIM 技术充分协调各部品之间的关系，控制好部品之间的规格尺寸和接口尺寸，在施工现场直接进行模块拼装。

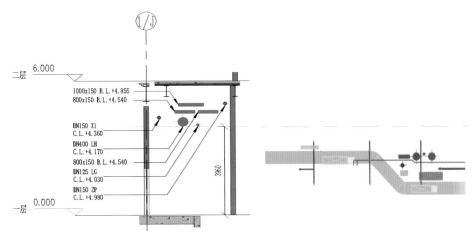

图 3-24 市民服务中心管线综合示意

图 3-25 首层管线综合

图 3-26 投入使用后吊顶效果

与吊顶系统的一体化设计。（1）消防排烟系统与吊顶一体化设计：消防排烟系统采用横向机械排烟，排至布置于吊顶空间的竖向公共排烟道，在进行消防排烟系统设计时，需考虑排烟及火灾探测设备选型、烟道截面尺寸、安装方式与排烟口间距等与吊顶空间关系。（2）新风暖通系统与吊顶一体化设计：暖通与新风系统采用吊顶式空气处理机组、转轮式热回收机组、风机盘管加新风的体系，相关机组及管道暗装在吊顶内，在机组设计选型时，需要考虑吊顶内部管道走向布置方案、管道交错位置净高

要求和吊顶与管线敷设施工可操作性。（3）照明系统与吊顶一体化设计：照明系统由主要为悬挂式的正常照明和应急照明灯具，供电系统采用树干式供电模式；照明灯具平嵌融合于木格栅吊顶，存在照明样式多、不规则排布的情况，且局部位置照明的灯具密度高及管线复杂拥挤。设计过程中，从简化吊顶排布方式和优化照明设计两方面着手，并考虑吊顶金属骨架和吊杆的布置，优化吊顶内部桥架的设置，简化敷设与接线安装过程中的复杂程度。

与墙面的一体化设计。（1）装饰面与墙面一体化：在进行墙饰面排布时，需要与设备专业共同协调功能部品的组织方式、用电部品的安放位置以及开关插座的布设位置，使墙面部品的生产实现精准化接口、穿孔和开洞，让空间布局与结构部品达到精准的匹配。在确定好部品的安装位置后，对于需要安装在墙面上的较重设施，例如灭火箱、用电设备等，则需要根据设施重量，进行安全验算，必要时对安装位置进行加强处理和洞口的留置。（2）设备管线与墙面一体化设计：内隔墙系统体系采用轻钢龙骨墙饰面，把线管布置于墙面与饰面间的龙骨空腔层内，对饰面板进行集成设计时，要明确设备设施水平与标高定位信息、所需的安装空间厚度，各种水电管线的敷设走向、管线的预埋和设备接口预留信息、开关插座等终端设备的具体位置。

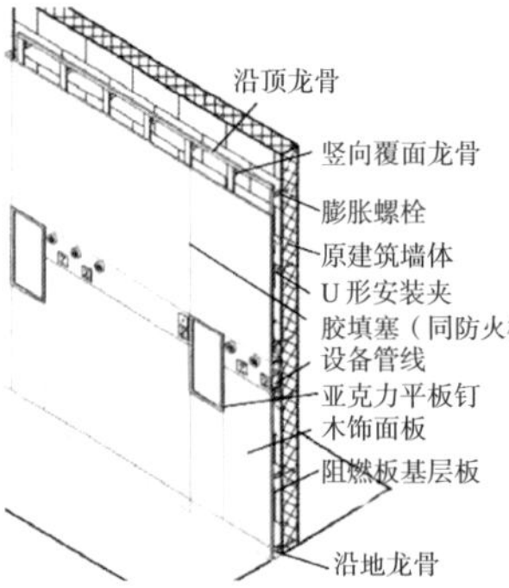

图 3-27　装饰面与墙面构造

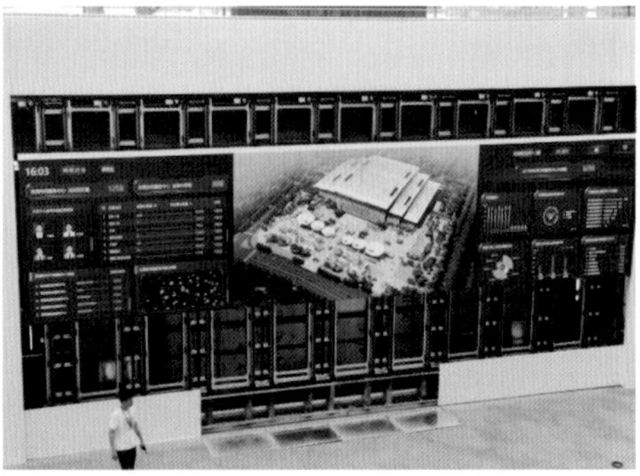

图 3-28　设备管线与结构一体化设计

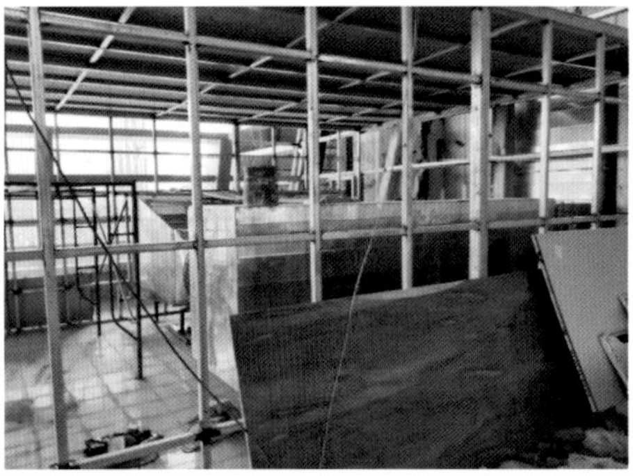

图 3-29　装饰面与轻钢龙骨墙面

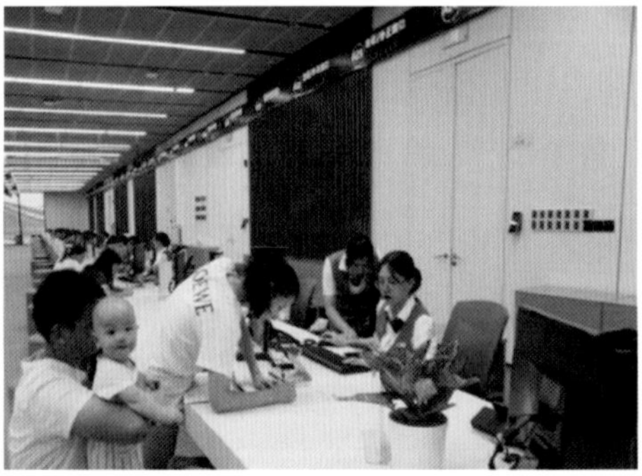

图 3-30　投入使用后墙饰面效果

与柱面的一体化设计。柱的装配式内装体系采用架空饰面,如图 3-31 ~ 图 3-34 所示,与墙面集成设计相识,将管线布置于柱饰面板的空腔层内,综合考虑开关线盒安装所需要的空间厚度、各种龙骨的规格型号以及涂装板的模数选择、排版方案、开关插座等末端设备的具体位置。

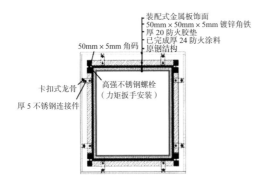

图 3-31　装饰面与方柱构造示意

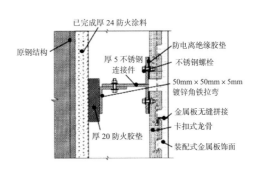

图 3-32　截面节点构造示意

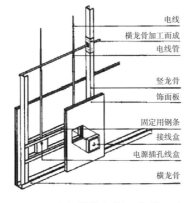

图 3-33　电气管线与柱面构造示意

图 3-34　装饰面与方柱现场施工

3.4　装配化施工

东莞市民服务中心是东莞市高装配率的公共类建筑,目前已经投入使用。围绕着市民服务中心的工程量大、技术要求高、施工难度大、工期紧张、环境保护要求高等难点,本项目从装配式钢结构体系应用、精细化科学管理与实践、装配式钢结构体系应用、基于 BIM 技术的全过程协调与进度信息管理和资源最佳投入四个方面破解本项目的系统性、多维性、复杂性和动态性问题。市民服务中心改造项目装配化施工技术包括钢结构主体、铝单板幕墙和支框玻璃幕墙、ALC 内隔墙、集成吊顶和装配式成品墙等安装施工,本节将从钢结构主体与内隔墙的装配化施工进行叙述。

3.4.1 结构主体装配化施工

1. 施工概况

市民服务中心主体构件的生产，柱构件采用焊拼箱型柱，梁构件采用焊拼 H 型钢，楼层采用组合楼承板，钢构件在工厂加工制作，精度高、质量可控，运抵现场即可安装，安装设备措施均是定型化产品，装配化施工程度高，极大化解本项目有限空间运输组织压力和外部风险。一期主体现场施工工期目标为 60 天，实际完成持续时间如表 3-4 所示。钢构的施工分工厂制作、现场安装两部分，为减少现场焊接量和加快安装速度，柱构件采取整体预制而不采取分块现场拼接。根据本工程特点，构件制作与运输以满足现场安装需要为前提，每批构件出厂安排在运输前 4 天完成，构件拼装安装时间安排在运输到场后 2 天进行。

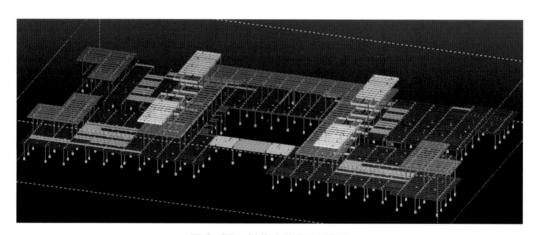

图 3-35 钢构主体 BIM 模型

施工完成持续时间   表 3-4

序号	施工内容	完成天数	实施前提条件及说明
1	钢柱安装	2 天	承台浇筑后回填，保证场地能进如吊机施工
2	有两层钢梁部位的吊装	6 天	这两部分是同时开始吊装的
3	有三层钢梁部位的吊装	9 天	
4	一层钢梁部位的吊装	4 天	有两层钢梁部位吊装完时即开始安装此部位
5	焊接	12 天	钢梁开始安装时就同步焊接
6	楼承板安装	7 天	有可铺设的部位即开始施工，前期准备
7	楼承板浇筑施工	15 天	有可铺设的部位即开始施工，前期准备

依据本项目的区域间的连接误差控制、建筑物场地情况和既有建筑内部空间限制、施工器械合理布置与作业安排、物料进场与堆放便利等要求，对主体施工工作区域划分，

如图 3-36 所示。

2. 装配化施工思路

对每个区域的安装顺序作安排，如图 3-37 所示，首先安排施工靠近既有建筑角端部位，依次从里往外施工。施工过程每个区域采用两台吊车为主吊，第三台吊车辅助转料，当材料不需要转运时，第三台吊车加入吊装行列。安装采用垂直安装方式，二层、三层、四层都预设有构件时，要同时安装完二层、三层、四层钢梁再移动吊车进行下个部位的吊装。现场材料不设定固定堆放点，堆放点的设置根据现场实时调整，堆放以就近堆放、不影响其他施工班组施工为原则。

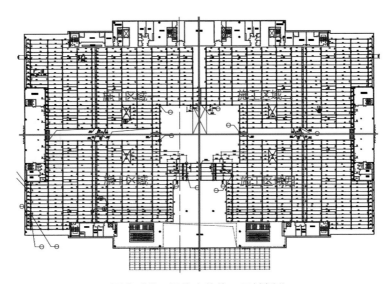

图 3-36 钢构主体施工区域划分

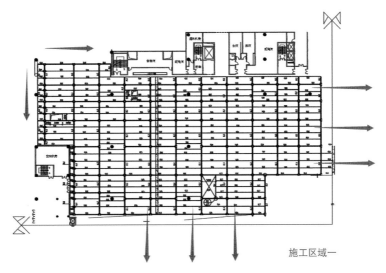

图 3-37 施工区域一划分安装顺序

　　整体按照"大平行、小流水"的原则组织施工，采用构件散件进场，地面局部构件卧式拼装，通过汽车吊将构件扳起、脱胎、短驳的施工方法进行施工。先行施工钢柱，依次吊装钢梁，并保持一定的流水节奏。整个钢柱总计304条，大小钢梁总计2329条，构件数达2633条，按照每台吊车每天安装30条构件两部吊车每天60条构件计算，每月满负荷吊装22天计算，两个月完全能完成所有构件的安装，预埋、焊接、楼承板安装施工穿插在钢结构安装时间中，如此可满足整个工程工期进度计划。如图3-38、图3-39所示，吊装由垂直方向从下往上安装，最先施工预埋件、钢柱，钢柱吊装就位后，及时安装连系钢梁,使之形成相对稳定的刚性单元。每完一个框架单元后，便可同步焊接，完成焊接及时补漆作业后，随即开始施工楼承板。

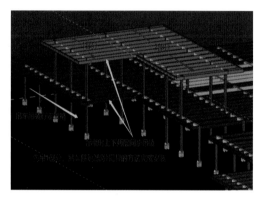 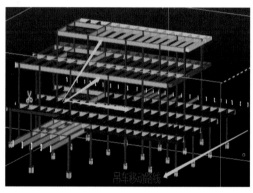

图3-38　两层结构钢梁部位垂直施工顺序　　　　图3-39　三层结构钢梁部位垂直施工顺序

3. 构件吊装与焊接

　　主体构件吊装采用两台50T吊车吊装构件和一台25T吊车转运材料。起重构件最大为15.3m长、重约6t的柱构件和16m长、重3.7t梁构件，满足50t吊车起重要求（柱吊装作业半径在16m内、梁吊装作业半径在20m内）。构件吊装要点：

　　（1）安装前需进行标高、轴线复测，确认无误后方可安装钢柱；

　　（2）根据钢柱柱底标高调整好螺杆上的螺帽，并在相应位置放置垫块；

　　（3）起吊前，钢柱横放在枕木上，柱脚位置放垫木方；起吊时，不得使柱的底端在地面上有拖拉现象；

　　（4）钢柱的吊装孔设置在钢柱的顶部，在柱顶分别设置两个直径30mm的吊装孔，利用吊装孔进行吊装；

　　（5）钢柱起吊时必须边起钩、边转臂使钢柱垂直离地；

　　（6）当钢柱吊到就位上方200mm时，停机稳定，对准螺栓孔和十字线后，缓慢下落，下落中应避免磕碰地脚螺栓丝扣；

（7）当柱脚板刚与基础接触后应停止下落，检查钢柱四边中心线与基础十字轴线的对准情况，如有不符及时进行调整，调整完成可紧拧连接螺栓，脱钩后完成单个构件的吊装。

图 3-40　现场柱钢构件的吊装　　　图 3-41　现场区域主体钢构件吊装完毕

装配式钢结构框架梁与框架柱采用悬臂段栓焊刚接节点，钢框梁腹板通过高强螺栓连接，翼缘则采用全熔透焊接连接。现场所有焊接工程采用 CO_2 气体保护焊焊接，所使用的焊材金属应与主体金属强度相适应，施焊位置主要以平焊为主，梁与钢柱的连接以及悬挑梁部位的焊接工艺和操作满足国家标准规范要求。

焊接作业的重点在于焊接质量及变形控制：

（1）**变形监控与处理**：现场焊接过程中，应着重监测钢柱的垂直度和钢梁水平度等基本情况，如出现变形较大情况，应立即停止焊接。通过改变焊接顺序和加热校正等特殊处理手段后可再施焊。

（2）**采用合理的坡口**：在满足设计要求焊透深度的前提下，宜采用较小的坡口角度和间隙，以减小焊缝截面积和减小母材厚度方向承受的拉力。

（3）**预留焊接收缩余量**：考虑到在钢梁的焊接过程中不可避免地会产生收缩而导致钢柱面结构内侧偏倒，所以在校正时必须预留焊接收缩余量。

（4）**柱焊接顺序工艺纠偏**：对校正后仍有偏斜的钢柱，可先在反方向进行焊接三至四层的预偏焊接后再对称焊接，利用焊接收缩来达到纠偏的结果。

（5）**梁焊接顺序工艺纠偏**：梁构件对接焊的焊接顺序，平面上从中部向四周对称地扩展梁柱接头的焊接；可先焊一节柱的顶层梁，再从下往上焊各层梁柱的接头。

（6）**梁与柱接头的焊接**：先焊梁的下翼缘板，再焊其上翼缘板。先焊梁的一端，待该焊缝冷却至常温后，再焊另一端，不宜对一根梁的两端同时施焊。

（7）**焊缝检测**：外观检查和超声波经自检合格后报监理和甲方通知第三方无损检测。

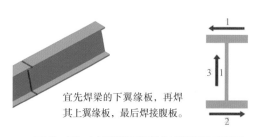

宜先焊梁的下翼缘板，再焊
其上翼缘板，最后焊接腹板。

图 3-42　H 型截面钢梁焊接顺序示意图

图 3-43　现场主体构件焊接

4. 楼承板施工

楼承板与传统现浇混凝土楼板相比，工程综合造价要低，绑扎工作量减少 60%～70%，可大幅度缩短工期，减少人工和机械消耗，又由于无需铺设模板底模及搭设支撑脚手架，可多层同时进行交叉作业，提高施工效率。本项目楼承板施工重点：

（1）**吊运要求**：采用吊车直接将压型钢板运至作业面钢梁上，压型钢板吊运时应轻起轻放，不得碰撞，以防钢板变形。楼承板的装卸、吊装均采用角钢或槽钢制作的专用吊架配合软吊带来吊装，不得使用钢索直接兜吊钢筋桁架模板，避免楼承板板边在吊运过程中受到钢索挤压变形，影响施工。

（2）**楼承板施工工艺流程**：楼承板搬入现场及存放→楼承板吊装→边模板安装→钢筋桁架楼承板散板安装→钢筋绑扎及管线敷设→栓钉焊接→管线铺设→附加钢筋工程→清理、验收→混凝土浇筑。

（3）**平面施工顺序**：每层钢筋桁架模板的铺设宜根据施工图起始位置由一侧按顺序铺设，最后处理边角位置。 楼承板铺设前，按图纸所示的起始位置放桁架模板基准线。对准基准线，安装第一块板，并依次安装其他板。

图 3-44　现场楼承板模板安装

图 3-45　现场楼承板钢筋绑扎

（4）**局部位置处理**：平面形状变化处（遇钢柱、弧形钢梁等处），现场对楼承板进行切割，切割前对要切割的楼承板尺寸进行检查、复核后，在模板上放线切割。切割采用机械切割进行，切割时注意楼承板搭接扣合的方向。

（5）**设计构造要求**：楼承板伸入梁边的长度，必须满足设计要求。楼承板平行于钢梁处，板与钢梁的搭接不得小于30mm，楼承板垂直于钢梁处，模板端部与钢梁的搭接不得小于50mm，确保在浇筑混凝土时不漏浆。

（6）**重点安全隐患防治**：当钢楼承板超过最大无支撑跨度（3m）楼板区域，垂直楼承板方向必须在楼承板跨中设置一道可靠临时支撑，防止浇筑混凝土时楼承板塌陷。

图 3-46 现场楼承板钢筋绑扎

图 3-47 现场楼承板浇筑效果

3.4.2 ALC 内隔墙施工

ALC 板是以水泥、硅砂等为主要原料，经过高温高压蒸汽养护而成的多孔混凝土板材，该板轻质高强、耐火隔声效果好。本工程墙体材料选用蒸压轻质加气混凝土板（简称 ALC 板），ALC 内隔墙板与型钢柱、板与板之间的连接、ALC 墙板部位与梁顶、板底部位搭接的防开裂措施将是本项目的重点和难点。针对该重点和难点，总结得到以下施工经验：

（1）**整体施工顺序**：由建筑物内部一侧向另外一侧逐步推进施工。

（2）**分部施工顺序**：1）有门口的从门口开始安装；2）ALC 内墙板安装从一侧向另一侧进行。

（3）**施工工艺流程**：弹线放样→首块 ALC 板顶部及底部插入管卡→ALC 板临时固定→检查调整墙板垂直平整度→底部用射钉枪固定→顶部与钢梁焊接（若顶部与楼板连接则用射钉固定）→安装直角钢件→底缝嵌缝处理→板间勾缝→玻璃纤维网格布局部加强→找平→持续安装至最后一块 ALC 板（凸出部分需磨平）→清理、验收。

（4）**与钢结构连接节点特殊要求**：1）自身要有一定的强度和刚度，既能在日常使用中保证墙板不变形，也要在地震时防止墙板坠落伤人；2）墙板的连接节点是保证两者共同工作的基础，需要求节点的传力明确可靠和有一定的位移；3）节点连接件制作安装要简便，避免现场焊接和湿作业；4）节点连接要具有通用性，提高标准化程度。

图 3-48　ALC 墙板施工完成效果

本章参考文献

[1]　徐伯英.装配式钢结构中小学校建筑实践——以上海市新建浦江镇第五小学为例 [J].住宅科技，2019，39（06）：5-8.

[2]　廉大鹏，赵百星，侯学凡，吴长华.轻型钢结构装配式学校的设计实践——深圳梅丽小学腾挪校园 [J].建筑技艺，2019（06）：70-77.

[3]　余佳亮，常明媛，张耀林，孙伟.装配式钢结构在医院建筑改扩建工程中的应用 [J].钢结构，2019，34（03）：59-63.

[4]　郭学明.装配式混凝土结构建筑的设计、制作与施工 [M].北京：机械工业出版社，2016：67.

[5]　张丽，孙国芳，刘艳.蒸压轻质加气混凝土内隔墙板的施工技术 [J].价值工程，2011，30（16）：79.

[6]　方静.基于工业化背景下的住宅设计与装修一体化研究 [D].深圳大学，2018.

[7]　刘炜.大力践行绿色建造理念推进建筑业高质量发展 [N].中国建设报，2019-13-12（006）.

[8]　钟远享，许晓煌.钢结构装配式被动房与智慧建造融合应用——以北京建工昌平区未来科学城第二中学建设工程为例 [J].中国建设信息化，2019（20）：20-25.

[9]　万媛媛，金龙，舒赣平.装配式钢结构建筑预制装配率计算准则的比较分析与计算建议 [J].江苏建筑，2019（03）：53-56，78.

[10]　陈一全.干挂背筋增强外墙饰面板技术研究与应用探索 [J].墙材革新与建筑节能，2018（10）：45-48.

[11]　赵健晖.阿尔及尔国际会议中心 6000 人会议室照明系统设计与施工 [J].价值工程，2018，37（05）：113-117.

第4章
建筑信息化管理

4.1 工程概况

本工程量大体广、结构复杂、施工场地狭小、工期紧，以及改造项目的特殊性和复杂性，导致本工程设计和施工难度大。为了解决本工程扩建改造过程中遇到的难题，决定引入 BIM 技术进行建筑信息化管理，并采用精细化管理理念将本工程的各个阶段进行细化分解，使本工程的管理流程满足科学化、精细化、标准化和信息化的要求，进而提高本工程对成本、进度、质量和安全的把控能力。以下将介绍建筑信息化（BIM）技术在本工程扩建改造过程中的具体应用。

4.2 决策阶段

方案比选是决策阶段一项重要的工作内容，尤其是这种不满足使用功能要求的公共建筑物是选择新建还是选择改造，以及如何新建或改造可达到成本与效益的最优状态，这一系列问题都是业主比较关心的问题。原建筑建成距今已有 17 年，主体结构完好，施工图纸保留完整，只有极少部分出现图纸缺失或与图纸内容不符的情况。为了真实、准确反映出既有建筑物的情况，建设单位决定采用三维激光扫描技术与 BIM 技术结合使用，得到真实、准确的既有建筑 BIM 模型，为后续的改造工作奠定良好基础。

4.2.1 BIM+ 三维激光扫描技术

三维激光扫描技术又称"实景复制技术"，通过发射和接收激光束来获取被测量物表面点的三维坐标值（x，y，z）、反射率、颜色等信息，然后通过这些大而密集的信息点快速重建出 1:1 真彩色三维点云模型，为后续工作处理和数据分析提供准确的依据。三维激光扫描技术在建筑行业中得到了广泛的应用，例如，逆向工程、建设项目的竣工验收、古建筑的修复、既有建筑的改造和测绘工程中的位移检测等。目前国内主流的三维激光扫描仪包括武汉大学自主研制的"LD 激光自动扫描系统"、北京天远科技有限公司的"OKIO 系列"和美国的 Trimble 公司的"天宝 TX4、GX200"。

BIM 技术引进我国多年，三维激光扫描技术与 BIM 技术的结合，能够更好地推动 BIM 技术的发展和应用。二者相结合的方法主要指的是将 BIM 模型与所对应的三维扫描模型进行融合，最终形成更贴近真实并具有构件属性信息的三维模型，以辅助后期建筑改造方案的设计。BIM 技术与三维激光扫描技术的结合可分为 3 个阶段：

（1）首先进行现场实测，使用 3D 激光扫描仪获取建筑物内部与外部的点云数据，输出相应的格式文件，如 DXF、DWG、ASC、XYZ 等。

（2）点云数据处理，将扫描的点云文件导入扫描软件中的特定数据处理中心，结合各站点点云数据，形成完整的点云模型。

（3）采用逆向建模技术将点云数据形成实体模型，然后通过 Scan To BIM 插件实现数据交换，形成 BIM 模型，作为改造设计的原始建筑模型。二者相结合的流程图如图 4-1 所示。

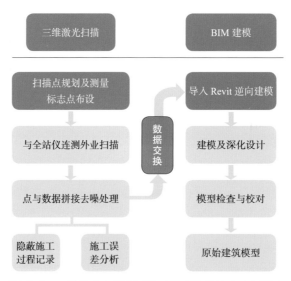

图 4-1　三维激光扫描技术与 BIM 技术结合应用流程

4.2.2　方案比选

利用 BIM 强大的信息存储以及统计分析功能，对不同方案的 BIM 模型进行工程量统计，以及材料用量、材料价格等综合分析，获取不同方案的成本数据，为建设单位提供准确有效的决策依据。本工程通过对比不同方案发现：（1）改造方案与拆除重建方案相比，可节省约 3000 万元建安成本；（2）改造方案与拆除重建方案相比，可避免产生大量的建筑垃圾，有利于保护环境，同时保留标志性建筑、城市记忆，有利于延续这座城市文化的发展。综上所述，改造方案更具有良好的经济和社会效益。

4.3　设计阶段

设计阶段是工程项目建设期比较重要的阶段，对于既有建筑来说，设计阶段的工作不但决定其建筑功能，而且对改造过程中施工的难易程度也影响较大。一般而言，改造设计比新建项目的设计要复杂，特别是大型或结构复杂的项目，对于比较复杂的空间曲线和曲面，传统二维的设计方法很难满足项目的需要，必须借助先进的三维软件方可实施。而对于设计变更，设计人员需要校对大量的信息，并局部重复性建模，大大增加了工作量。此外，钢结构的扩建改造项目连接节点复杂和构配件多，单凭二维软件以及设计师的空间想象能力，不利于信息的传递，容易导致深化设计错误。

4.3.1　可视化设计

本工程考虑到传统二维的设计方法不能满足扩建改造设计要求，且平面设计不利于各专业的设计人员进行沟通和交流，容易产生设计变更，进而不利于工程项目管理工作的开展。本工程利用 BIM 技术可视化功能，对模型进行三维展示（图 4-2），可使得业主及各施工方快速、直观地理解既有建筑改造设计的方案，进而可使得各种问题在设计阶段就得以充分解决，减少了施工阶段设计变更的发生。利用 BIM 技术，进行工程项目的管理，实现既有建筑改造项目的安全、质量、进度、成本四大目标和信息管理的精细化管理。

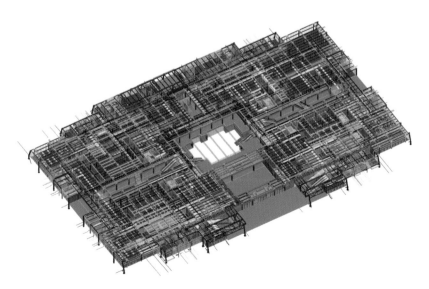

图 4-2　项目 1F 模型

4.3.2 协同设计

本工程为集大跨度钢结构建筑物改造、扩建与功能提升的综合性大型工程建设项目，工程管理难度更大。如一个 1000t 的钢结构项目的图纸管理方面，其加工详图的数量要远多于施工图的数量，需要 70～80 张施工图纸和 1000 张以上的加工详图。由于图纸的绘制和检查都以人工为主，难以确认其中的信息与整个设计方案是否一致。这种繁琐且低效的检查工作方式很难做到每张图纸上的信息都与整个改造设计方案保持一致，尤其是在变更设计方案时，由于各专业的设计人员沟通不及时，经常导致变更信息不能协同，增大后期再次发生变更的概率。由此可知，若设计阶段不做好各专业之间的沟通和交流，很容易形成设计信息"孤岛"，导致施工阶段发生设计变更的可能性极大。

基于上述情况，本工程项目利用 BIM 技术进行多专业的协同设计，通过中心文件和链接的方式进行连接，实现数据关联与智能互动。通过每个人的职务和所负责的工作内容设置相应的权限，例如，建筑设计师只能修改本专业自己负责的设计内容，但能查看和使用其他专业人员的设计信息。某专业进行修改后，其他专业可以通过链接中心文件，做到快速的更新，进而减少或避免设计变更的发生，如图 4-3 所示。

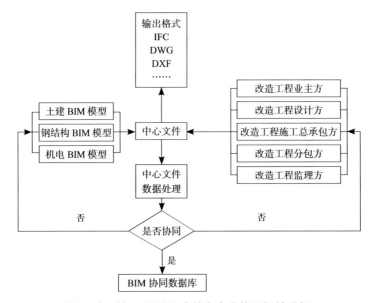

图 4-3 基于 BIM 理念的多专业协同设计分析

4.3.3 碰撞检查

本项目主要是在原有建筑设计基础上再进行改扩建，这就要求设计人员既要熟悉原来设计方案，又要满足现在的功能目标要求，以确保扩建改造设计方案满足可实施性、经济性和美观要求。因为大量的信息和限定因素，所以，很容易导致各个专业之间出现"错、漏、碰、缺"的问题，这些问题往往直至施工阶段才会被发现，影响项目工期和成本。因此，本项目依据扩建改造设计方案建立的 BIM 模型，利用 Navisworks 发现 1F 的给水排水专业共有 1242 个碰撞点，如图 4-4 所示。经过设计优化后，已累计解决碰撞点 1135 个，减少直接经济损失 56800 元，如图 4-5 所示。对于微小碰撞可以结合现场实际作优化调整。

管综优化前

项目 1	项目 2	碰撞个数 / 个
给排水	自检	13
	电气	2
	暖通	67
	消防	17
	结构	1143

详细报告请详见附录 3

图 4-4　优化前的碰撞检查结果

管综优化后

项目 1	项目 2	碰撞个数 / 个
给排水	自检	0
	电气	0
	暖通	8
	消防	0
	结构	99

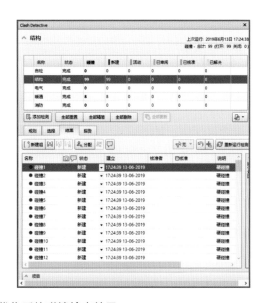

图 4-5　优化后的碰撞检查结果

根据碰撞检查结果可对模型进行修改，利用 BIM 技术的联动性和参数化功能，可实现模型中同一问题的同步修改。这种利用建筑信息集成的技术，提高设计效率和设计质量，其碰撞检测过程，如图 4-6 所示。

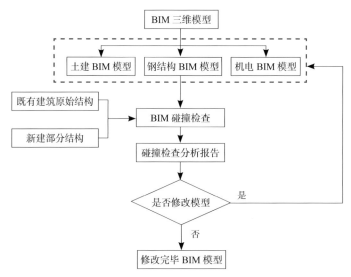

图 4-6　基于 BIM 技术的碰撞检测流程图

4.3.4　模拟分析

既有建筑的初步设计完成后，需进行结构分析、室内净高分析等，确保本工程扩建改造完成后，满足结构安全和使用功能要求。

（1）结构信息分析

既有建筑在改造设计时，必须掌握与结构设计相关的技术信息：第一，清楚既有建筑结构改造内容，如构件的拆除、加固、新增等内容，空间关系和连接信息，最后将这些信息加以归类表达出来；第二，要满足最新版结构设计规范，新老结构要相结合一起进行计算，并判断既有建筑构件的承载力情况；第三，结构改造设计方案是否满足现场施工要求，结合施工工序、工艺、组织和施工易建性来确定结构改造设计方案。

基于以上的要求，传统的改造结构设计方法，无疑难度较大，费时费力。尤其，标识出每根原有构件，新增构件的属性等，如果改造方案不断调整，这些信息也要随之进行变更，从而消耗了设计师大量的时间和精力，且容易出错。BIM 技术的引进，可将 BIM 模型直接导入到结构分析软件中（如 Robot、ETSBS 等），然后在分析软件中对改造项目的整体结构进行参数设置及分析，随着改造设计方案的不断修改，模型中的建筑结构也会快速随之更改，且在软件中也可直接输出新的施工图纸，大大提高了设计质量和效率，对成本、质量、进度、安全的管理也发挥了精细化管理的作用。

（2）净高分析

东莞市民服务中心为原东莞国际会展中心的改造项目，本次改造的内容是：主体建筑改扩建 74482.69m²，新增地下建筑 42989.65m²，幕墙改造 20408m²，屋面改造 23218.56m²。改扩建后，东莞市民服务中心总建筑面积 117574.41m²，地上 3 层、局部 4 层，地下 1 层、局部 2 层，停车位 1129 个。为了满足净高要求，本项目针对不同功能区进行了专项分析，以 1F 为例，其走道、办公室、十字连廊净高分析结果如表 4-1 和图 4-7 所示。

走道、办公室、十字连廊净高分析检查表　　　　　　　　　　　表 4-1

位置	控制净高（mm）	是否满足要求	备注
走道	3000	√	满足净空要求
办公室	4000	√	满足净空要求
十字连廊	4300	√	满足净空要求

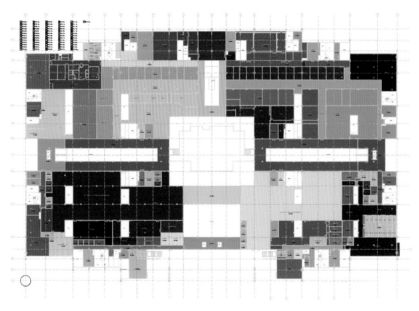

图 4-7　1F 净高分析图

注：涂红表示净高超限，需要调整；涂黄表示局部净空紧张，需要注意

4.4　施工准备阶段

4.4.1　项目周边环境

（1）场地东北侧距会展中心 22～34m，会展中心采用桩基础、钢结构，外侧主要为路灯线、给水管和污水管；

（2）场地东南侧距东莞大道辅道约 60m，外侧有电力、通信、给水、污水管等，地下室外墙距 R2 线约 85m；

（3）场地西南侧距鸿福路 38～52m，外侧有军用光缆、电力、通信、给水、污水管等；

（4）场地西北侧距会展大道约 15m，外侧有电力、给水、污水管等。

因本项目属于在东莞市中心城区，日常较为繁华，车流量及人流量较多，因此施工过程中需充分综合考虑各因素，尽量减少对周边的影响，杜绝扰民。

4.4.2　施工场地布置

东莞市民服务中心项目位于东莞市南城区的核心商业地带，周边交通及配套设施健全，所以在改造施工时，其周边的外部空间环境有限，在施工过程中也存在诸多的限制条件，例如，施工场地狭小、周围建筑物和人流密集等。因此，在施工前必须对施工场地进行合理布置，才能确保施工活动的有序进行。传统的场地布置方法在既有建筑改造中显得力不从心，通过引入 BIM 技术，对既有建筑改造的施工场地进行科学合理的规划，在有限的区域内布置办公区、生产区、材料堆放场所，垂直运输机械，临时道路等，从而减少施工场地的占用、保证现场道路通畅、避免二次搬运以及施工便利，提高工程项目的精细化管理水平。

4.4.3　开挖、拆除以及建筑垃圾清运

本项目涉及室内外新增地下室，以及地下室与地铁车站的连接通道，土方开挖量较大，出土也是本项目的一大难点。此外，部分构件需要进行拆除时，需要确定其拆除的先后顺序，以保证结构安全性。传统的方法多以施工经验为主，相对于既有建筑的改扩建来说，这种方法没有良好的安全保障。采用 BIM 技术模拟分析既有建筑的构件拆除方案，从而排除安全隐患。通过 4D 施工模拟分析，对施工方案里面的土方和建筑垃圾的清运路线进行合理规划，确保本项目的土方能够顺利运出，并满足相关规定要求。

4.4.4　协助工程招标工作

工程进行招投标时，招标单位尽可能地缩短工程量清单编制时间，并且尽可能地提高工程量清单编制的质量，因为施工过程中的工程进度款以及施工结算都会以合同的工程量清单作为依据。若要有效地控制成本，减少索赔以及变更等问题，就要把控招标工程量清单的完整性和清单工程量的准确性。本工程通过 BIM 技术建立的数据库，从模型中快速准确地提取工程量（图 4-8、图 4-9），从而提高了招标管理工作的精细化水平，有效地避免了错项和漏项状况的发生，减少施工阶段因为工程量的偏差产生的价格调整，从而达到成本的合理管控。

<结构柱明细表>			
A	**B**	**C**	**D**
族与类型	体积	注释	合计
Z-A-4、6: Z-A-4、6	1.79 ㎥		2
Z-B-2、8: Z-B-2、8	1.29 ㎥		2
Z-C-1、9: Z-C-1、9	2.00 ㎥		2
Z-K-1、9 对称: Z-K-1、9 对称	0.94 ㎥		2
热轧 H 型钢柱: HK400b			16
热轧 H 型钢柱: H 型钢柱-200x200mm		HK200a	56
热轧 H 型钢柱: H 型钢柱-240x240mm	0.09 ㎥	HK240a	8
热轧 H 型钢柱: H 型钢柱-500x500mm			40
热轧 H 型钢柱: Z-5b	0.10 ㎥		12
钢管柱: 钢管柱-φ400x12mm		Z-4a	4
钢管混凝土柱: 钢管柱-φ400x16mm			8
钢管混凝土柱: 钢管柱-φ400x16mm-混		Z-4	10
钢管混凝土柱: 钢管柱-φ600x16mm-混	4.09 ㎥	Z-3	4
钢管混凝土柱: 钢管柱-φ1000x25mm-混	20.81 ㎥	Z-1c	4
总计: 170			

图 4-8 1F 结构柱的明细表

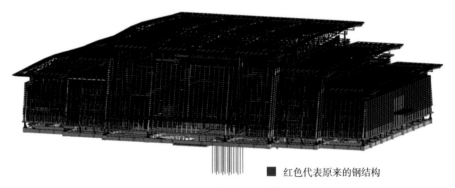

■ 红色代表原来的钢结构

图 4-9 整体 BIM 模型

4.5 施工及验收

在项目的建设期，80% 左右的资金都是用于施工阶段，所以对施工阶段的管理是整个建设期的重点工作。施工阶段是一个动态的、复杂多变的阶段，尤其是既有建筑改造的特殊性，其设计图纸的变更、人工、材料价格的浮动，管理方式等，都可能对施工阶段带来较大的影响，对施工阶段的成本、进度、质量、安全等影响较大的因素运用 BIM 技术进行精细化管理，可以做到事半功倍的效果。

4.5.1 4D 施工模拟

本项目在原来的东莞国际会展中心的基础上，进行了扩建改造，由于施工场地狭小、工程量较大、结构较复杂、工期紧等因素，导致现场施工难度大。针对这个问题，施工前运用 Fuzor 软件进行 4D 虚拟仿真分析，将构件与时间进行关联（图 4-10），对整个施工方案进行模拟分析。其次，针对屋面、幕墙、室内外新增地下室并与地铁车站连通部位，应制定专项施工方案，采用 BIM 技术进行专项施工方案模拟分析，提前发现施工过程中可能遇到的问题，并不断修改完善。最后，通过应用 BIM 模型或视频进行施工技术交底，确保现场管理人员和作业人员掌握施工工序、施工要求以及施工重难点等内容，做到安全生产、文明施工，提高施工效率和质量，降低返工和整改等问题发生的概率。

图 4-10　4D 施工模拟

4.5.2　精确安排施工进度

由于既有建筑涉及拆除、加固和新建等一系列改造活动，若每项工序的实际进度未按计划完成，将直接影响其他进度其他工序的施工作业。施工方在编制施工进度计划时，往往是依靠以往的管理经验，由于每个项目的实际情况不同，其施工进度的编排是有很大区别的。

基于 BIM 技术的施工进度管理，可利用三维 BIM 模型加时间维度，形成 4D 虚拟仿真分析，并根据模拟分析结果进行优化调整，做到合理规划资金、材料、劳动力等资源，提前预测施工过程中可能发生的问题，预先制定相应对策，对施工方案与施工进度不断优化，减少施工中变更的产生，从而达到缩短工期、节约成本的目的。

4.5.3　造价信息实时追踪

既有建筑扩建改造的特殊性与复杂性，往往使得施工现场设计变更、签证索赔以及材料变动的发生率较高，传统的造价管理方法则是先要在图纸上找到相应位置，然后再对量的增减进行统计，同时调整与之关联的构件，这使得成本管理的过程消耗时间久，且可靠性差。本项目在改造的 BIM 模型上赋予造价信息，使得图形、报表、价格之间形成联动的整体。每个造价数据都可以快速追溯到与之相关的各个方面。相关管理人员也可以随时随地将任何时间点的实际造价的数据与计划的成本数据进行对比，如果相差较大，找到使成本进行浮动的因素，立即采用相关的措施进行纠偏处理，提高成本的精细化管理效率。

4.5.4　优化材料采购计划

材料作为构成工程实体的重要组成要素，其管理模式对成本的影响较大。传统的材料管理模式存在诸多的弊端，例如，核算不准造成现场大量的材料在积压，占用大量资金；停工待料，造成工期延误；审核错误造成错误采购，损失了大量资金等。既有建筑改造的特殊性，使得施工现场无足够的空间存放大量的工程材料，要充分利用好资金的投入点，且改造项目一般工期要求都比较紧，需要各个环节互相协作，环环相扣。

基于 BIM 技术的模型，在建模时就对各个构件赋予其材料的全部属性，即可以结合施工的进度，安排材料的采购计划，这样不仅可以保证施工与工期的连续性，而且可以精准控制材料的用量以及进场时间，减少库存、材料的二次搬运以及对资金的占用，从而实现施工过程中材料的精细化管理。

4.5.5　优化竣工移交

施工单位按照合同的约定完成了项目的建设后，即进入了竣工验收交付阶段。传统的竣工移交阶段都是施工单位以纸质或者电子稿的形式将其上交，资料数量较多，在整理以及查阅时需要耗费大量的时间以及人力。本项目施工完成后，业主方提出希望在日后的运营维护阶段可以节省大量的人力、物力和财力，同时，为过来办事的市民提供便利的期望。所以，在进行竣工移交时，将 BIM 模型作为主要的移交方式，节省了大量的人力、物力去准备纸质版和电子版验收材料，同时，BIM 模型可以为后期的运维提供数据支持（图 4-11、图 4-12）。

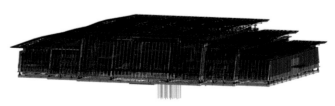

图 4-11　传统竣工资料　　　　　　　　图 4-12　BIM 参数化模型

4.6　运维管理阶段

随着 BIM 技术的快速发展，人们对于信息化追求的步伐也在不断地加快。在大量既有建筑被改造完成交付之后，进入运营维护阶段，运营阶段在既有建筑的整个生命周期中所占的时间最长，因而业主或者使用者需要花费的成本就越多，尤其是对相关设备的维修和管理。利用 BIM 技术之前的设备管理，所采用的方式一般是先找到出现问题的设备，然后根据这个设备所处的位置去图纸上找寻相关信息负责维修工作的开展，维修记录一般是采用纸质文档进行留存。该方法容易导致设备信息记录不全、容易丢失；人工采集信息的方式无法与设备进行实时关联并对设备状况进行更新；随着设备运行时间的增加，纸质版资料的增多会给后期资料的查阅带来不便。

利用 BIM 竣工模型与设备实时关联，通过在设备上设置传感器的方式，来定位设备的位置，以及获取相应设备的运行信息。通过查看设备上的传感器振动频率，来判断设备的运行状况，例如，振动频率波动较大时，因查看现场设备实际运行情况，来判断是否需要进行维修或者更换。若确定需要进行维修或更换设备时，可以查看 BIM 竣工模型里面的设备信息，例如，设备供应商、保修期限和维修记录等信息，来联系相关人员进行设备的维修或更换工作。这种方式与传统的运营管理方式相比，极大的提高了管理效率，降低了运维成本。

还利用 BIM 竣工模型，在室内设置多个导航栏，为市民来本中心办事提供便利。市民可以利用 BIM 模型里面的信息在屏幕上进行定位终点，就可以获取以现在位置为起点至终点的最优路径，如图 4-13 所示。正确的指引办事人员以最短的时间到达指定终点，极大地提高了办事效率，节省办事人员的时间，从而获得了市民的一致好评。

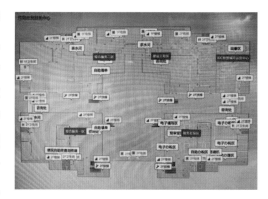

图 4-13　基于 BIM 竣工模型的导航栏

4.7　小结

本工程通过采用建筑信息化（BIM）技术，有效地解决了本工程扩建改造过程遇到的难题。在决策阶段，通过对比不同方案的成本与效益信息，发现改造方案比拆除重建方案更具有良好的经济和社会效益；在设计阶段，通过利用 BIM 技术的可视化、碰撞检查和模拟分析等功能,有效地解决本工程扩建改造过程中遇到的难题;在施工阶段,应用 BIM 技术对施工方案进行虚拟仿真分析,优化施工工序,有效地解决了屋面、幕墙、地下空间施工难,以及现场施工组织与协调难的问题;在竣工验收阶段,通过提交模型的方式,有利于简化验收程序,降低验收工作强度;在运维管理阶段,运用 BIM 技术有利于提升管理效率和服务质量,同时,降低运维管理成本。综上所述,本工程通过采用建筑信息化(BIM)技术进行管理,不仅解决了本工程扩建改造过程中遇到的难题,还实现了精细化管理目标。

本章参考文献

[1] 黄子浩 . BIM 技术在钢结构工程中的应用研究 [D]. 广东:华南理工大学土木与交通学院,2013.

[2] 王华阳 . BIM 技术在既有建筑项目改造中的应用分析 [J]. 郑州铁路职业技术学院学报,2017,29(4):20-22.

[3] 张琦 . BIM 技术在既有建筑改造建设期精细化管理中的应用 [D]. 长春:长春工程学院,2016.

[4] 谬盾,吴竞,张广兴 . BIM 结合三维激光扫描在建筑中的应用 [J]. 低温建筑计算,2017,39(5):133-134.

[5] 张海龙 . BIM 在建筑工程管理中的应用研究 [D]. 吉林:吉林大学,2015.

[6] 潘怡冰,陆鑫,黄晴 . 基于 BIM 的大型项目群信息集成管理研究 [J]. 建筑经济,2012,(3):41-43.

[7] 刘雪可 . 基于 BIM 的既有建筑改造管理研究 [D]. 江苏:中国矿业大学,2019.

[8] 王春翔 . 基于建筑信息化模型的工程管理实践教学改革分析 [J]. 工程技术研究,2018,254.

[9] 陈承欣 . 建筑行业信息化管理提升建筑工程管理水平的有效途径 [J]. 江西建材,2017,(12):279.

[10] 周冲,张希忠 . 应用 BIM 技术建筑装配式建筑全过程的信息化管理方法 [J]. 建设科技,2017,32-36.

[11] 叶浩文,周冲,韩超 . 基于 BIM 的装配式建筑信息化应用 [J]. 建设科技,2017,21-23.

[12] 周阳 . 基于信息模型(BIM)的历史建筑保护与改造探索——以龙市民众教育馆修复改造项目为例 [D]. 成都:西南交通大学,2017.

[13] 首灵丽,基于 BIM 技术的建筑能耗模拟分析与传统建筑能耗分析对比研究 [D]. 重庆:重庆大学,2013.

第 5 章
幕墙改造技术

5.1 幕墙改造概况

5.1.1 分部工程情况

　　东莞市民服务中心为原东莞国际会展中心的改造项目，原会展中心为建筑面积 4.1 万 m^2、层高 35.6m 的大空间钢结构展馆，如图 5-1、图 5-2 所示，外立面为采用框支撑玻璃幕墙，外立面幕墙面积达 1.3 万 m^2。原建筑的玻璃幕墙经过十七年的使用，不少玻璃出现损坏情况，外观和节能均不能满足建筑作为升级后东莞市地标性建筑的形象要求，为展现政务建筑形象，呈现庄严稳重、开放自信和媒体立面魅力，需对原幕墙进行更新改造。

图 5-1　原框支撑玻璃幕墙

图 5-2　原框支撑玻璃幕墙一角

5.1.2 幕墙改造方法

　　国内大型公共建筑和高层建筑的幕墙安装建造，主要是作为该类新建建筑的装饰装修分部工程同步建造，另外，关于改造方面，国内既有建筑功能改造主要以结构加固为主。涉及既有大型钢结构公共建筑的幕墙改造相关技术参考资料甚少，因此，其改造设计案例少，过程拆除和安装的施工技术重点难点存有较大的疑问。本项目幕墙改造不同于常规新建幕墙工程，其涉及既有建筑外立面结构布置、既有幕墙的拆除与利用、幕墙改造方案设计和过程结构设计的考虑，既有大型钢结构公共建筑幕墙改造包含的设计考虑因素多、改造量和安装难度大，是整个改造项目中重要的一个环节。

　　幕墙改造主要工作内容为拆除原有幕墙玻璃及铝框，利用既有和新增设的幕墙骨架，对幕墙外框架立柱和横梁、局部内部立面、雨篷梁、结构边梁和边桁架包裹一层金属板材（氟碳喷涂铝单板），如图 5-3、图 5-4 所示，新增铝单板包裹面积达 4.5 万 m²，形成一道外墙遮阳格栅，功能上极大地减少了太阳直射带来的热量，并将玻璃幕墙内置，形成复合幕墙体系，降低室内制冷的功率，达到节能效果。外观上保留了立面工业质感，密拼的线条被交界处的方孔弱化，视觉上看似精巧编排的整块四方格网，主体幕墙直线条给人感觉舒适性和整体性较强，突出阳光的概念与挺拔的风格，体现了工业文明时代的速度和效率，展现了东莞市民中心千年莞编的肌理和制造之都的风格。

图 5-3　改造后铝单板幕墙夜景　　　　　图 5-4　改造后铝单板幕墙日景

5.2　铝单板幕墙

5.2.1　铝单板材料性能

　　氟碳喷涂铝单板（以下简称"铝单板"）是以优质铝合金板材为基材，经过铬化等处理后，再采用喷涂技术，将装饰性氟碳涂料喷涂在表面，从而加工形成的建筑装饰材料。氟碳涂层具有卓越的抗腐蚀性、耐候性、涂层均匀、色彩多样，不但提高了铝单板幕墙立面的整体美观度，而且使其具备抗紫外线辐射、抗氧化以及耐腐蚀等性能。

　　铝单板具有立体感强、重量轻、刚性好、强度高、不燃性、耐久性和耐腐蚀性好、工艺性好、不易污染、便于清洁保养、工厂化生产、装配化安装、施工方便快捷以及回收价值高等优势。常作为幕墙装饰材料，多用于公共建筑与办公建筑幕墙，大堂内装、柱饰、电梯包边、异形吊顶等外包装饰（图 5-5、图 5-6）。

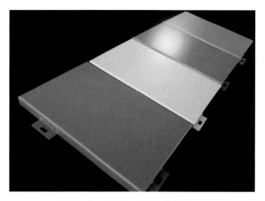

图 5-5　氟碳喷涂铝单板样板　　　　　图 5-6　项目中的铝单板幕墙

5.2.2　铝单板加工工艺

　　铝单板作为幕墙材料可以根据用户的需求采用数控折弯等技术加工成型，保证了铝单板产品折边线条平直、棱角分明，切口处平整。铝板可加工成平面、弧型和球面等各种复杂几何形状。其常用厚度为 1.5mm、2.0mm、2.5mm 和 3.0mm。其构造主要由面板、加强筋和角码组成。角码可直接由面板折弯、冲压成型，也可在面板的小边上铆装角码成型。加强筋与板面后的电焊螺钉连接，使之成为一个牢固的整体，极大增强了铝单板幕墙的强度与刚性，保证了长期使用中的平整度及抗风抗震能力。如果需要隔声保温，可在铝板内侧安装高效的隔声保温材料（图 5-7、图 5-8）。

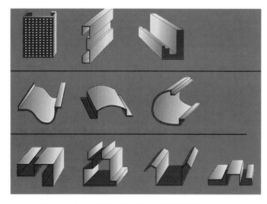

图 5-7　氟碳喷涂铝单板常用形状　　　　图 5-8　项目中的铝单板幕墙

5.3　铝单板幕墙改造结构验算

　　原东莞市会展中心框支撑玻璃幕墙与主体共同形成了稳定结构，原框支撑玻璃幕墙拆除和安装铝单板幕墙的过程中，结构内力情况变化复杂，局部新增构件可能会引起其他构件受力增大，改造过程可能出现倾斜、过大变形或坍塌等情况，影响结构受力安全，因此需经技术鉴定和结构计算，方可实施幕墙结构的改造。

5.3.1　计算基本思路

本次改造内容为拆卸原玻璃幕墙及其支框，并在邻近原既有横梁位置加焊另外一道横梁，并于此两道横梁和原主立柱骨架的轮廓上外包铝单板，结合内部新增一层独立玻璃幕墙，形成复合幕墙体系。改造会改变原结构传力路线或使结构质量增大，应对相关构件、结构及建筑地基基础进行必要的验算。因此在幕墙改造过程中，首先从结构体系上予以考虑，遵循先整体后局部的原则，重点考虑重要的受力构件，尽可能保留利用原有幕墙骨架，有利于保持原结构稳定、减少结构新增构件总量和节约成本。

针对幕墙改造施工过程特点，验算考虑采用基于有限元模拟的平衡增量法，平衡增量法为在改造施工过程中，计算分析得到结构相应值及参数变化幅值，即得出其内力及形变情况，并比较结构内力及变形设计值和变化合理范围；该计算方法简单，可真实反映改造过程的受力状况。

5.3.2　计算模型

结构初始内力情况影响结构施工和运营安全，经过多年的使用，实际上主体结构会因施工、层间位移、沉降等因素造成建筑物的实际尺寸与设计尺寸不符，既有建筑结构内力由于使用荷载、边界条件、外部环境变化造成内力变化。为更准确地模拟结构当前内力，保障结构改造及后期运营的安全，需对当前幕墙结构情况进行勘察实测，如图 5-9 ～图 5-12 所示，以掌握建筑物结构尺寸的偏差值，进而估算其现状内力情况。既有建筑加固改造前通常需要进行检测，其轮廓尺寸、材料属性、边界条件等采用现场测量、合理折减和现场调查手段重新确定。计算分析相关轮廓尺寸参数可依据检测结果选取，对于原会展中心建筑结构保养得当，不存在结构有严重材料性能退化现象，因此其材料强度无需进行结构检测，仅需对原设计强度标准值进行合理修正。格栅铝单板主要起遮阳作用，内部新设玻璃幕墙比原玻璃支框幕墙更有利于承受风压荷载，因此，本次增量计算模拟不考虑风荷载的有利作用。施工脚手架与幕墙独立受力，施工荷载仅考虑次龙骨长度四分之一的集度荷载。

如图 5-13、图 5-14 所示，铝单板幕墙主要由面板、加强肋、角钢龙骨、角码、新增与原结构骨架等组成，面板四周设有 20mm 宽的折边，通过螺钉连接铝单板单元间的角码与折边，面板通过加强肋、角钢龙骨与横梁、主龙骨分别相连，最终形成一个牢固的整体。

图 5-9　对原支框幕墙进行测量定位复核

图 5-10　对原支框幕墙外部构造进行勘探

图 5-11　对原主骨架进行测量

图 5-12　对原支框幕墙龙骨进行测量

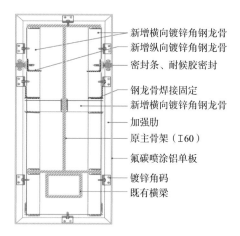

图 5-13　铝单板幕墙立柱主骨架典型构造

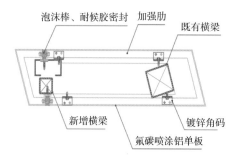

图 5-14　铝单板幕墙横梁主骨架典型构造

　　铝单板幕墙的传力路径为铝单板面板所受荷载是由加强筋传递到折边，再由折边传递到钢龙骨。对于本项目邻近原横向龙骨位置都加焊一道横向龙骨，其焊接后将会产生残余应力，但由于不同焊点的焊接残余应力具有较大离散性，本次计算将相关位置残余应力进行偏于安全的简化。详细结构参数及荷载，如表 5-1 所示。

构件外形尺寸及材料强度　　　　　　　　　　　　　　　　　表 5-1

		原设计名义值	实测均值
轮廓尺寸	主骨架（Ⅰ60）（mm）	$600 \times 190 \times 11.1 \times 17.8$	$598 \times 188 \times 10 \times 17$
	支框横梁（B120×5）（mm）	$120 \times 120 \times 5$	$119 \times 118 \times 5$
	原单层玻璃重（$t=6$mm）	150N/m^2	150N/m^2
	原玻璃支框重（含玻璃和次龙骨）	70N/m	66N/m
	新增横梁（B120×5）（mm）	$120 \times 120 \times 5$	
	新增铝单板重（$t=3$mm）	47.1N/m	
钢材材料强度（$f_{sd,\,Q345}$ 乘以 0.9 折减系数）		280MPa	
混凝土抗压强度（$\sigma_{混凝土}$ 乘以 0.9 折减系数）		27MPa	
施工荷载		700N	
焊接残余应力		8200N	

5.3.3　幕墙改造电算结果及分析

（1）幕墙结构主骨架变形验算

幕墙改造对结构主骨架（Ⅰ60）变形远少于《钢结构设计标准》GB 50017—2017 墙架构件支柱挠度容许值的规定，变形幅值为 26.5%，且主体结构变形未产生较大的突变。

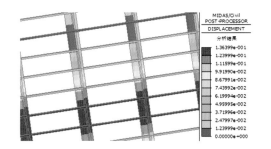

图 5-15　原框支撑玻璃幕墙初始变形（mm）

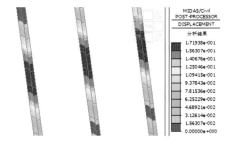

图 5-16　改造后铝单板幕墙变形
（隐去横梁）（mm）

$$\delta_{(\text{Ⅰ}60)}=0.172\text{mm} << l/140=39\text{mm}(l=15.7\text{m}) \tag{5-1}$$

$$\Delta_{\delta}=\frac{0.172-0.136}{0.136}=26.5\% \tag{5-2}$$

（2）幕墙结构主骨架强度验算

幕墙改造对结构主骨架（Ⅰ60）产生应力远少于折减后原材 Q345b 设计值，对新增横梁受应力小于设计值，且主骨架应力变化幅值为 19.1%，幕墙改造并未对主体结构受力产生较大的突变，结构主体具有较高的安全富余量。

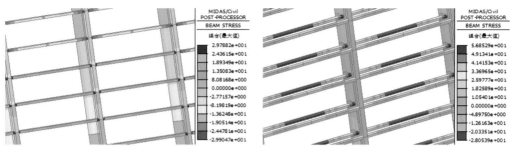

图 5-17　原框支撑玻璃幕墙应力（MPa）　　图 5-18　改造后铝单板幕墙应力（MPa）

$$\sigma_{(B120 \times 5)} = 56.9\text{MPa} < f_{sd,\,Q345} = 310\text{MPa} \tag{5-3}$$

$$\sigma_{(I60)} = 11.2\text{MPa} \ll f_{sd,\,Q345} = 280\text{MPa} \tag{5-4}$$

$$\Delta_\sigma = \frac{11.2 - 9.4}{9.4} = 19.1\% \tag{5-5}$$

（3）幕墙结构主骨架支座反力验算

幕墙改造对楼板（基础）产生支座反力并不会导致局部混凝土被压坏，压应力变化幅值为 27.5%，幕墙改造并未对主体或基础结构造成太大影响，结构主体或基础具有较高的安全富余量。

通过上述外框幕墙改造施工的有限元模拟分析，可知改造所拆除构件和新增构件使主体构件和结构内力与变形增大，且增大幅值控制在 1/4 范围，未对结构受力安全产生影响，因此幕墙改造施工满足结构安全要求。

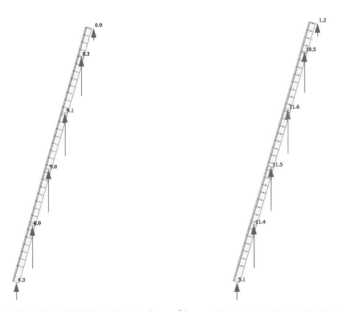

图 5-19　原框支撑玻璃幕墙支座反力（tonf）　　图 5-20　改造后铝单板幕墙支座反力（tonf）

$$\sigma_{N,\,\max}=\frac{N}{A}=116000/13200\text{MPa}=8.8\text{MPa}<\sigma_{混凝土}=27\text{MPa} \qquad （5\text{-}6）$$

$$\Delta_{N}=\frac{11.6-9.1}{9.1}=27.5\% \qquad （5\text{-}7）$$

5.4　原玻璃幕墙拆除

出于幕墙改造安全要求，原幕墙玻璃和支框都具有较好的回收价值，需对原框支撑玻璃幕墙进行无损拆除。本节以东莞市民服务中心原幕墙拆除工程为例，叙述其原幕墙无损拆除施工流程和操作要点。

5.4.1　幕墙拆除工艺流程

框支撑玻璃幕墙进行无损拆除工艺流程，如图 5-21 所示。

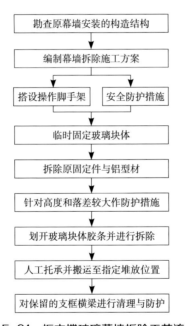

图 5-21　框支撑玻璃幕墙拆除工艺流程

5.4.2　原玻璃幕墙构造

通过现场勘查分析原玻璃幕墙构造情况，明确玻璃块体与铝框、玻璃幕墙单元间关联性及相互影响程度，从而确定幕墙拆除顺序和要点。如图 5-22、图 5-23 所示，从安装方式而言，原玻璃幕墙为现场组装式幕墙，主骨架（立柱）在每层楼板均设矩形钢与原结构主梁锚固连接，支框横梁（横档）与铝框槽式连接，玻璃块体与铝框之间采取硅酮结构胶与橡胶密封条连接封堵。

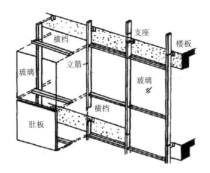

图 5-22　现场组装式玻璃幕墙示意

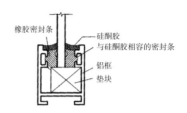

图 5-23　原玻璃幕墙构造示意

原会展中心外立面玻璃幕墙高度为 27m，为实现既有框支撑玻璃幕墙无损拆卸及保证拆除过程安全，基于上述构造情况，原玻璃幕墙的拆除采用落地式脚手架配合人工作业进行拆除，如图 5-24、图 5-25 所示。由于单块玻璃较大（最大玻璃尺寸为 2800mm × 600mm，重量为 150 kg），因此如何实现无损拆除大块玻璃是幕墙拆除的重点。如图 5-26 ～ 图 5-28 所示，拆除时首先用吸盘临时固定玻璃，对其中活扇玻璃窗，首先打开窗扇，在脚手架外的人员托住窗扇下口，将窗扇上端合页采用电动螺丝刀卸开，再用人工传递将整窗扇运至室内堆存；对于封闭式框架玻璃幕墙，先用吸盘吸住，再用壁纸刀划开胶条，同时在人工承托下进行拆卸，最后人工传递将玻璃运至室内堆存。

图 5-24　幕墙改造用落地式外脚手架

图 5-25　脚手架上拆除作业

图 5-26　拆除撬开铝框护挡

图 5-27　人工承托玻璃块体

图 5-28　人工传递玻璃块体　　　　图 5-29　下垫木方形成杠杆撬体

既有玻璃幕墙拆除施工要求与注意要点：

1）遵循从下往上和从两侧向中间的拆卸顺序；

2）避免胶条划开后玻璃与铝框间仍有残余连接，而发生安全问题；

3）避免玻璃在拆卸前，未进行临时固定或搬运过程由于承托人员不足而发生坠落；

4）玻璃块体离室内地面空间距离过小致人员无法托撑下口，宜采用下垫木方形成杠杆撬体，缓解幕墙卸下时瞬间重力作用；

5）对已拆卸的幕墙玻璃进行保护，避免超高叠放导致下层玻璃局部压碎（叠放高度不超过 1m），并底层采用木方垫承，如图 5-29 所示。

5.5　铝单板幕墙安装

5.5.1　幕墙施工流程

铝单板外框幕墙施工流程，如图 5-30 所示。

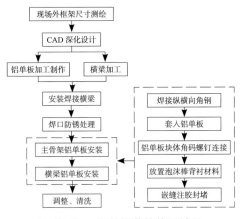

图 5-30　铝单板幕墙施工流程

5.5.2 施工前准备

幕墙施工前准备工作要求：

（1）确定所需增设的横梁骨架位置，对铝单板单元进行排版布局。依据原设计图纸、现场尺寸实测和幕墙设计方案，确定增设的横梁骨架位置，并按拟增设的横梁和已有主骨架的实际情况对铝单板幕墙进行排版布局。铝单板幕墙应按实际施工平立面图排版，由于收边收口较多，又需要线条贯通，对每一块板的图纸放样要确保加工精度和满足于现场安装条件。

（2）铝单板深化设计与工厂加工。铝单板板块工厂化加工前，首先要对每块面板制作放样图，考虑加工余量对板块的尺寸影响，并对螺钉和加强肋应准确定位；对同一类型板块应设置相同的编号，并制作排版编号图。加工时应严格按照放样图设置冲孔模具、焊钉尺寸等关键参数，加工后应及时做成品保护。

（3）现场测量放线与半成品收纳。对设定的控制轴线和水平标高线进行测量放线，标记铝单板安装的基准线。根据放线情况和图纸要求，各种类型钢方管进场后堆放在指定位置，如图 5-31、图 5-32 所示。并进行有效防护，方管安装前先进行打磨后进行防腐处理，待防腐油漆达到设计要求风干后，用焊接的方式连接在一起。

图 5-31 横梁骨架收纳堆放　　　　　　图 5-32 铝单板收纳堆放

5.5.3 铝单板幕墙施工

铝单板幕墙施工主要步骤：

（1）新增横梁骨架的焊接安装。依据所定位新增横梁位置，准确牢靠地焊接安装铝单板横梁骨架，且做好新加部分与原横梁结构联合使用以实现新旧结构共同受力，如图 5-33 ~ 图 5-36 所示。

图 5-33　横梁骨架焊接安装

图 5-34　既有与新增横梁骨架

图 5-35　横梁焊缝位置防腐处理

图 5-36　幕墙外框架折角处龙骨

（2）纵横向角钢龙骨的焊接安装。如图 5-37、图 5-38 所示，主骨架外套铝单板前需新增设纵横向镀锌角钢龙骨形成外框架，妥善解决由主骨架轮廓偏差造成的铝单板面不平的问题。

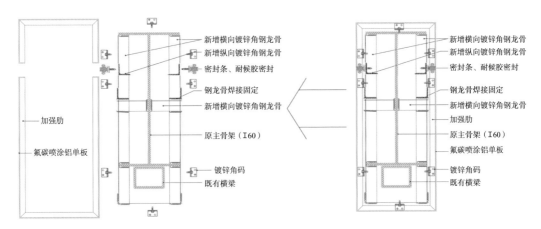

图 5-37　立柱主骨架铝单板幕墙分解图

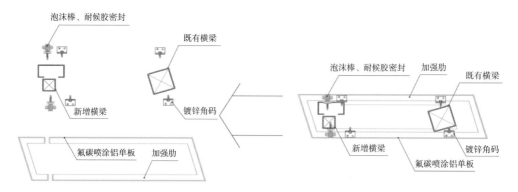

图 5-38　横梁骨架铝单板幕墙分解图

（3）铝单板施工安装。铝单板套入骨架的安装连接，将铝单板加强肋紧贴新旧龙骨（横梁）所成的外框架，用 M6×25 不锈钢螺钉将铝单板上的镀锌角码固定在框架龙骨上。

（4）正确的接缝设计有助于延长建材和密封胶的使用寿命。铝单板横向拼接缝仅 4mm，误差必须控制在 ±1mm。材料加工、安装施工、测量放线精度要求高，焊接质量和点位控制是重点。

（5）放置背衬材料和粘贴美纹纸胶带。使用柔软闭孔的圆形泡沫棒作为背衬材料，用以控制密封胶的施胶厚度和形状；泡沫棒放置完毕后，在接缝两侧粘贴美纹纸胶带，美纹纸距离板块边缘 2mm 左右。

（6）嵌缝注胶封堵。接缝处应为处理过的基材表面，施胶宽厚比为 1：1 至 2：1，且厚度不小于 10mm；根据接缝宽度，沿 45° 角将胶嘴切割至合适的口径，且胶嘴应探到接缝底部，保持合适的速度，连续注入足够并有少许外溢的密封胶，避免胶体和胶条下产生空腔。密封胶施工完成后，用刮胶片将密封胶刮平压实，胶体边缘与缝隙边缘涂抹充实，加强密封效果（图 5-39、图 5-40）。

图 5-39　外框架折角处幕墙安装完成

图 5-40　支座处嵌缝注胶封堵处理

（7）其他施工细部处理：1）在制作铝单板的过程中要实行边缘倒角处理，减少铝单板幕墙使用时边角应力的集中；2）新增横梁骨架或铝单板安装过程出现偏位或不足情况，应由现场进行人工二次修整；3）放置背衬材料时，胶条要后续连接的，胶条尾部修整成45°斜角，方便后续接头；美纹纸胶带必须在密封胶表干之前揭下；4）单块铝单板安装完成后必须调整铝单板装饰面平整度。

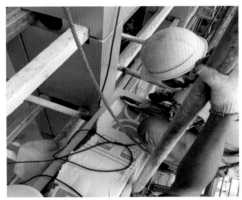

图 5-41　新增横梁骨架现场下料　　　　图 5-42　铝单板二次修整

5.6　小结

本项目对不能满足既有大型钢结构公共建筑升级改造功能与外观要求的幕墙进行改造，所改造的幕墙饰面采用性能优良的氟碳喷涂铝单板，不但实现美观、适用和耐久性，而且突显了东莞市民服务中心千年莞编的肌理和制造之都的风格。本项目幕墙改造不同于常规新建幕墙工程，其改造量和安装难度大，是整个改造项目中一个重要的环节。本技术的开展具有以下几点价值意义：

（1）本项目幕墙更新改造施工遵循安全、绿色、经济的原则，综合考虑既有结构现状和功能改造需求制定方案。采取安全合理的方式把原玻璃幕墙拆卸，并利用原幕墙构件作为新铝单板幕墙结构，保留原有的幕墙骨架，保持原结构稳定、减少工程量和节约成本。

（2）为既有建筑功能升级中的幕墙改造发展方向另辟蹊径。国内建筑功能改造主要以结构加固为主，而本文的技术内容对幕墙改造进行了叙述，技术内容并不局限于幕墙改造施工，且包括过程设计验算和既有幕墙拆除，在符合我国现有规范的前提下展开了技术应用，实现工厂化生产和现场装配，为幕墙改造项目提供了新的应用方向。

（3）为开展幕墙改造相关技术提供设计思路与项目应用经验。东莞市民服务中心的大面积幕墙改造设计在国内参考项目较少，在本幕墙设计中，对幕墙外框架立柱和横梁、局部内部立面、雨篷梁、结构边梁和边桁架包裹一层金属板材，新增铝单板包裹面积达 4.5 万 m²，形成一道外墙遮阳格栅，功能上极大地减少了太阳直射带来的热量，并将玻璃幕墙内置，形成复合幕墙体系，降低室内制冷的功率，达到节能效果。外观上保留了立面工业质感，体现了工业文明时代的速度和效率，展现了东莞市民中心千年莞编的肌理和制造之都的风格。

目前本项目幕墙改造技术工作尚属初步探索，相应的技术和工艺尚未健全，其应用发展且需业界认可和检验。

本章参考文献

[1] 连珍. 既有建筑中幕墙改造的特点和关键技术 [J]. 绿色建筑，2019，11（03）：75-76.

[2] 丁春颖. 加长悬臂斜框铝单板遮阳幕墙的悬挑支架辅助安装技术 [J]. 建筑施工，2018，40（11）：1929-1932.

[3] 李鑫奎，伍小平，焦常科，严再春，周向阳. 既有建筑改造施工控制技术及工程应用 [J]. 施工技术，2018，47（S1）：1013-1016.

[4] 贾龙. 关于铝单板幕墙施工要点的分析 [J]. 中小企业管理与科技（中旬刊），2016（10）：81-82.

[5] 袁锦祥，汪启安，蒋凤昌，蒋新山. 矩阵孔铝单板幕墙施工工法 [J]. 中国高新技术企业，2014（19）：79-85.

[6] 杨岭，胡蓓，蒋新山. 穿孔铝单板幕墙面狭缝密拼施工技术 [J]. 中国高新技术企业，2013（23）：65-66.

[7] 黄国余，杨岭，蒋新山. 穿孔铝单板幕墙设计研究 [J]. 中国高新技术企业，2013（19）：10-12.

[8] 王良波，李安生，黄亮，胡传文，唐碧波，郑文科. 高层建筑局部幕墙无损拆除施工技术 [J]. 建筑技术开发，2012，39（11）：65-66.

[9] 顾佳. 山东省既有公共建筑玻璃幕墙节能改造技术研究 [D]. 山东建筑大学，2012.

[10] 孟根宝力高，赵立杰. 上海世博会主题馆外皮设计新理念和新工艺 [J]. 工程质量，2011，29（02）：11-18.

[11] 王平山. 既有建筑改造结构体系加固原则与应用研究 [J]. 结构工程师，2010，26（03）：181-184.

第6章

屋面改造技术

6.1 屋面概况

本工程为改造项目，原屋面主材为三层压型钢板屋面，边缘为铝单板。原屋面的压型钢板由于经过十七年的使用，出现多处渗漏现象，维修成本高，使用效果差，以及不能满足办公建筑对采光、隔热和消防排烟的要求。因此，需拆除原压型钢板屋面，在原屋顶钢结构上做新屋面，改造后的新屋面主要有三种材料组成：屋面主要部分为ETFE气枕膜，边缘部分为保留的铝单板屋面，ETFE气枕膜与铝单板之间的区域为铝镁锰金属屋面，改造完成后的效果如图6-1所示。

图 6-1　东莞市民服务中心项目效果图

6.2 ETFE 气枕式膜结构性能

ETFE 薄膜为乙烯 - 四氟乙烯共聚物，属于非织物膜材，厚度通常为 0.05～0.30mm，通过热塑成形，薄膜张拉各向同性，非常坚固耐用，具有轻质、柔韧、厚度小、透光性好、耐久、耐火、自洁、可回收等特点，是一种新型的绿色建材。单层膜抗拉强度在 35MPa 以上，断裂延伸率大于 350%，单向拉伸应力 - 应变曲线经历两个刚性转折点，对应膜材的第 1 屈服强度和第 2 屈服强度，如图 6-2 所示。其透光率在 50%～96% 之间，

073

可以通过调节表面印点覆盖率和材料厚度来调节光强度和紫外线的透过率，张拉后的膜面极为光滑且有自洁能力，平均使用寿命在 30 年左右。ETFE 膜材不易燃，且在燃烧融化后会自行熄灭，满足 GB 8624-2012、DIN4102 防火等级要求。

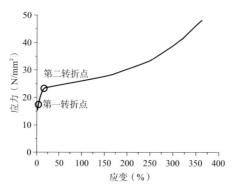

图 6-2　ETFE 膜材应力－应变图

　　气枕式膜结构利用第 3 类建筑膜材产品 ETFE 膜材，内部充气形成具有一定刚度的气枕构件，连接于主体结构骨架上，具有良好的性能。对于气枕式膜结构，其在使用过程中通过对气枕内压的自动或人为控制可以有效调节膜结构的受力性能、透光率以及隔热性能等，这种服役过程中的可调节能力是气枕式膜结构不同于一般膜结构最重要的特征。气枕式膜结构除了 ETFE 膜材的优点以外，还具有以下可调节的特点。

　　（1）力学性能

　　ETFE 膜材各向同性，且具有较高的抗拉强度以及断裂延伸率，通过内部充气形成的气枕式膜结构又具有一定刚度可以满足承载要求。由于其很轻的自重，主要控制荷载通常为温度作用、风荷载以及雪荷载，随着荷载大小的不同，可以通过调节气枕内压以很好地应对不利荷载工况。温度变化主要包括膜面温度变化和内部气体温度变化，膜面温度变化将会导致膜面最大主应力的改变，膜材与金属夹具不同的热膨胀系数导致不同的应变，特别是当温度变化不均匀时对膜材的影响更为显著，而内部气体温度的变化将会导致内压发生改变，故对温度变化最常用的方法是通过控制系统对气枕内压进行调节，但仍难以克服不均匀温度场变化带来的不利影响；风荷载是膜结构主要的控制荷载，由于膜结构自重很轻，风吸作用通常是更为不利的一种荷载工况，当大风来时，控制系统可以针对实际情况适当调节内压以抵抗风荷载的作用，但是调节幅度有限；雪荷载有时还可能出现积水荷载，都是膜结构的不利荷载，当出现堆积效应时，荷载作用较为集中且越来越大，膜材出现局部受压，所以常常需要通过内压调节保证气枕具有一定的刚度以避免堆积效益的产生。综上，对气枕内压的调节是保证气枕式膜结构具有良好的力学性能的关键。

此外，气枕式膜结构结合了充气式膜结构和骨架式膜结构的特点，利用了充气式膜结构的可调节、可控制的刚度和性能，以及骨架式膜结构骨架较好的刚度和受力性能。骨架常采用强度较大的钢骨架，骨架设计独立于膜结构，体系成熟，研究较深，具有很高的安全保障，即使气枕式膜结构发生破坏，对主体结构也没有多大影响。

（2）透光率

ETFE 膜材自身由于直接热塑成形，厚度很薄，原本就具有很高的透光率。通过对膜材表面镀银色圆点可以调节膜材的透光率，从而满足室内不同的采光需求，但实际工程中常需要在不同时刻对太阳辐射进入室内的量进行改变，单层 ETFE 膜材在确定了印点率之后难以进行可控调节，而 ETFE 气枕式膜结构很好地解决了这一难题。此时，气枕可采用 3 层 ETFE 膜材，膜材具有一定的印点率，气枕具有上、下两个独立的充气腔，通过控制上、下充气腔不同的内压，从而改变中间层膜材的位置，直接影响太阳辐射的通过量，如图 6-3 所示。

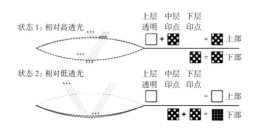

图 6-3　气枕透光率的自动调节

（3）隔热性能

气枕式膜结构由于空气层的存在，具有很好的隔热性能。此外，通过气枕内压的改变可以有效调节气枕内部空气层的厚度，再加上内压改变可以对气枕透光率进行有效调节，合理控制太阳辐射的通过量，进而可以调节气枕式膜结构的隔热性能。

（4）防火性能

ETFE 膜材不易燃，在燃烧中会熔化，之后自动熄灭。当火灾来临时，膜材熔化屋面出现开口，火灾产生的烟可以直接从膜材熔化的洞口排出，由于 ETFE 膜材很轻，熔化后碎片会随烟上飘，不会对下部人群产生影响。

采用 ETFE 气枕熔膜技术的建筑物，发生火灾时，可以利用布置好的电热丝加热，将膜材三边熔断，保留一边使膜材悬挂，以防坠落发生危险。通过快速熔膜的技术，保证了屋面足够的排烟面积，以达到迅速排烟的效果。

（5）自洁性能

ETFE 膜材表面非常光滑，具有极佳的自洁性能。在用 ETFE 膜材建造的膜结构上，灰尘及污迹会随雨水冲刷而除去。外表的人工清洗一般为4年才一次。

（6）气候适应性能

ETFE膜材的工作温度范围为-200～150℃；材料熔点为275℃左右。ETFE膜材具有极好的稳定性和气候适应性。实践表明，暴露在恶劣气候条件中15年以上的ETFE膜材，其力学和光学性能并没有改变。在多雹地区，即使玻璃屋面被冰雹砸碎了，ETFE膜材屋面上也仅留下一些小小的凹痕。

（7）可回收性能

ETFE膜材具有较高的回收价值，可以被热熔成颗粒状并重新整合。

6.3 屋面改造设计

6.3.1 改造设计思路

为了满足消防排烟、采光、节能、环保和美观要求，本工程对屋面结构进行组合设计：中间部位采用ETFE气枕式膜结构（部分设置成熔断膜，熔断膜数量和位置，根据消防排烟要求进行确认），屋面边缘部位保留原来的铝单板屋面，ETFE气枕和铝单板之间的区域为新增设的铝镁锰金属屋面。ETFE气枕膜结构不仅能满足上述功能要求，其自重轻还能减轻主体结构负荷，保证建筑物结构安全，但考虑到ETFE气枕膜造价高，故在ETFE气枕与铝单板之间采用铝镁锰金属板屋面。气枕与铝镁锰金属板属于两种不同形式的结构，它们之间可采用水槽进行有效连接，如图6-4所示。这种组合设计方法不仅能够满足办公建筑功能需求，还能确保整个改造设计方案经济效益最优。

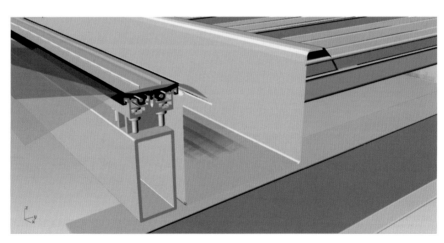

图6-4 气枕与铝镁锰金属板连接节点

　　为了解决本工程的消防难题，设计师采用 ETFE 膜结构熔膜体系技术能够迅速而有效地到达工程所需消防排烟要求，且气枕熔断过程中不产生明火，对建筑工程整体损害非常小，满足消防、环保等要求。其技术原理是：ETFE 膜结构熔膜体系技术在火灾发生时，站台的楼宇管理系统（BMS，Building Management System）发送信号给气枕熔断控制系统，当熔断系统接收到火灾或烟雾报警，熔断系统会自动运行，熔断控制系统随即发送信号给对应气枕的电热丝，电热丝通电加热，熔断 ETFE 边界，气枕边界除一端外，其余边界会自动熔断，在气枕自重作用下，形成敞开区域，从而到达排烟的目的，期间并不产生火焰和滴落物。根据本工程消防排烟要求和现场实际情况，确定屋面熔膜位置，如图 6-5 所示。

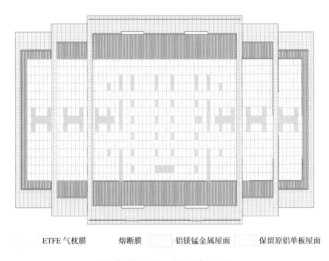

ETFE 气枕膜　　　熔断膜 □　　铝镁锰金属屋面 □　　保留原铝单板屋面 □

图 6-5　屋面平面布置图

6.3.2　ETFE 气枕膜结构设计

　　根据本工程的实际情况，对屋面改造部分进行设计。对于气枕式膜结构的设计，最常用的膜结构设计软件为德国 Technet GmbH 的有限元软件 EASY（图 6-6），具有快速、灵活、可靠的特点，具有找形、膜面分析、裁剪、充气结构分析、膜与支承结构协同分析等多个模块。在经过膜结构基本体系和方案选择后，气枕式膜结构的设计主要包括整体构造、初始形态的找形、裁剪设计、荷载分析、充气系统的设计。本工程的 ETFE 膜结构作为屋面系统，同时，伴随防雷和防水排水设计，本书不加赘述。

　　气枕式膜结构荷载根据规范合理取值，主要考虑恒荷载、活荷载、风荷载、雪荷载、气枕内压以及温度荷载。东莞市民服务中心项目根据实际情况，恒荷载（ETFE）取 $0.02kN/m^2$、ETFE 气枕正常工作气压取 250Pa、基本风压（按 50 年一遇，地面粗糙度类别为 B 类）取 $0.55kN/m^2$、活荷载取 $0.30kN/m^2$，进行结构计算。

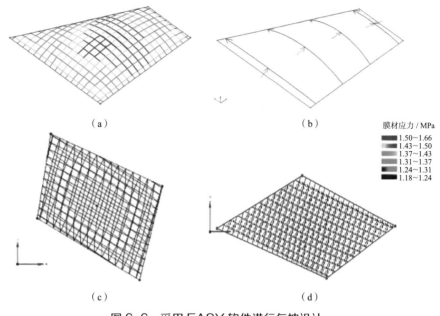

（a）　　　　　　　　　　　　　　　（b）

膜材应力 / MPa
1.50~1.66
1.43~1.50
1.37~1.43
1.31~1.37
1.24~1.31
1.18~1.24

（c）　　　　　　　　　　　　　　　（d）

图 6-6　采用 EASY 软件进行气枕设计

（a）找形分析；（b）裁剪设计；（c）气枕形态；（d）应力云图

6.3.3　屋面结构验算分析

原东莞市会展中心屋面结构与主体共同形成了稳定结构，对屋面进行改造过程中，结构内力情况变化复杂，局部新增构件可能会引起其他构件受力增大，改造过程可能出现倾斜、过大变形或坍塌等情况，影响结构受力安全，因此需经技术鉴定和结构计算，方可实施屋面结构的改造。通过有限元软件 ANSYS 对改造后的影响进行结构分析，如图 6-7～图 6-10 所示。

通过上述屋面改造施工的有限元模拟分析，可知改造所拆除构件和新增结构使屋面桁架结构内力与变形增大，但未对结构受力安全产生影响，因此屋面改造施工满足结构安全要求。

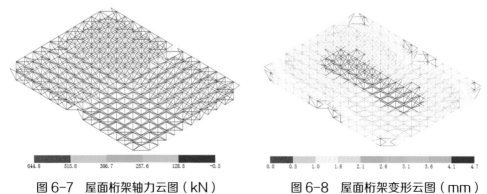

644.8　515.8　386.7　257.6　128.5　-0.5

0.0　0.5　1.0　1.6　2.1　2.6　3.1　3.6　4.1　4.7

图 6-7　屋面桁架轴力云图（kN）　　　　　图 6-8　屋面桁架变形云图（mm）

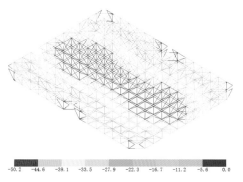

图 6-9　屋面桁架应力云图（MPa）

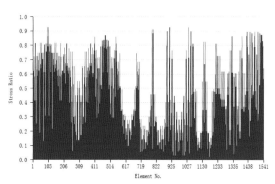

图 6-10　屋面桁架单元应力比情况

6.4　屋面改造施工

本工程的屋面改造采用 ETFE 膜结构施工主要包括：施工前的准备、重难点分析及处理方案、ETFE 气枕及铝镁锰板安装等。

6.4.1　施工准备

生产准备包括现场准备和施工队伍准备两部分。其中，现场准备又包括施工现场平面布置、材料堆放及运输线路、施工现场接电、施工便道等，如图 6-11 ~ 图 6-13 所示。

施工队伍准备需要根据项目的实际情况，选取经验丰富的工程师作为项目经理，并委托其处理工程现场相关事宜。同时，选取高素质的施工班组，根据施工组织设计中的施工程序和施工总进度计划要求，确定各阶段劳动力的需用量。

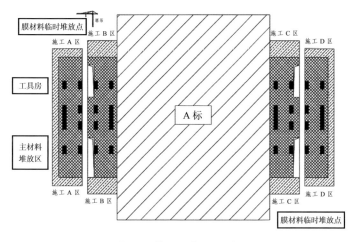

图 6-11　施工现场平面布置

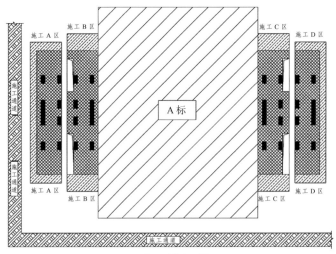

施工通道布置图

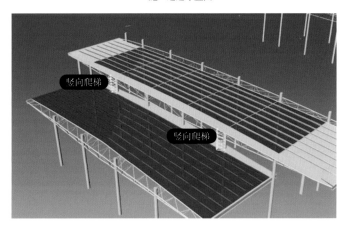

图 6-12　施工通道图

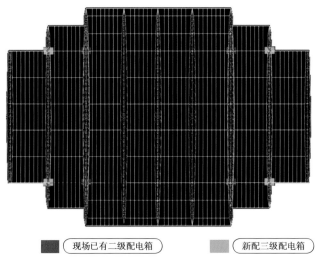

图 6-13　施工现场配电箱布置图

6.4.2　施工重难点及对策

1. 雨天施工方法

本项目工期紧如遇长时间下雨天气将会对完成工期目标造成影响，且本项目因内部装修已经进行，在拆除原有屋面安装 ETFE 气枕的施工过程中，要确保雨水不进入室内空间对内部装修及电器设备造型损坏。对于雨天施工应对措施具有考验。计划在施工过程中与铝板拆除部分协调作业，即拆除一个区域安装一个区域的作业流程，另外制作帆布临时遮雨棚。临时遮雨棚采用可固定式滑轮，如遇雨天利用遮挡棚以保证正常施工（图 6-14）。

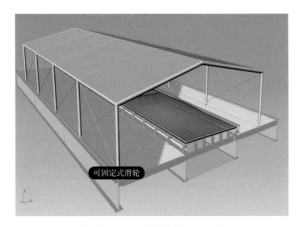

图 6-14　临时遮雨棚示意图

遇雨天施工除制作帆布临时遮雨棚以外，另在安全网上面临时铺设 PVC 膜材，防止杂物及雨水渗漏到室内，做到双层防护（图 6-15）。

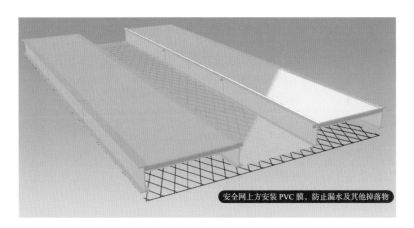

图 6-15　PVC 膜材铺设示意图

2. 四周布置有组织排水

屋面设置有组织排水、现安装的铝镁锰板与原屋面保留铝板交界处设置排水天沟。

（1）根据当地的雨荷载量，对气枕之间的天沟进行排水计算，结果如下所示。

屋面长度 L（m）：45m

屋面宽度 B（m）：6m

集水面积：$A_r = B \times L = 270m^2$

降雨强度 I：277（mm/hr）

雨水量 $Q_r = A_r \times I \times 10^{-5} / 3600$（m³/s）$= 0.0208m^3/s$

天沟排水量采用曼宁公式计算：$Q_g = A_g \times V_g = A_g \times R^{2/3} \times S^{1/2} / n = 0.0914m^3/s$

$A_g = W \times H_w = 0.04$

$R = A_g / (W + H_w) = 0.067$

V_g：天沟排水速度

n：天沟材料摩擦系数 $= 0.0125$

S：天沟排水坡度 $= 0.03$

W：天沟宽度（m）$= 0.2m$

H：天沟深度（m）$= 0.25m$

H_w：有效天沟深度（m）$= 0.8H = 0.2m$

由 $Q_g > Q_r$ 可得，天沟满足排水要求。

（2）根据整体建筑排水，如图 6-16 所示。

（3）水槽的节点，如图 6-17 ～ 图 6-19 所示。

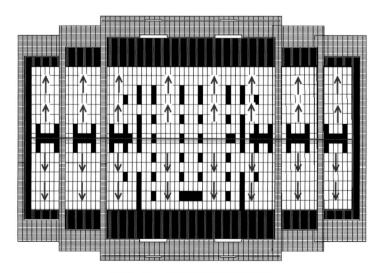

图 6-16　屋面排水方向示意图

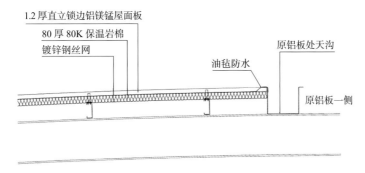

图 6-17　铝镁锰水槽节点图

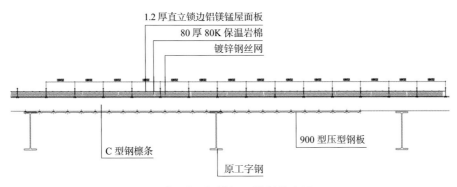

图 6-18　铝镁锰屋横剖节点图

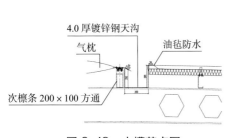

图 6-19　水槽节点图

图 6-20　气枕与铝板交接节点处理示意图

3. 气枕与铝板交接节点处理

ETFE 膜气枕与铝镁锰板属于两种不同形式结构，如何将其进行有效连接是本工程的重点。为了解决这一难题，利用水槽作为气枕与铝镁锰板的连接节点，从而很好地解决这一难题，并符合相关规定要求。如图 6-20 所示。

4. 充气设备布置

需要考虑 ETFE 气枕充气系统中的管线布置以及设备的平面布置合理性，主充气管部分沿工字钢梁布置。本项目计划采用风机数量共计 8 台组成充气设备，分别布置在建筑四周的地面，如图 6-21 所示。

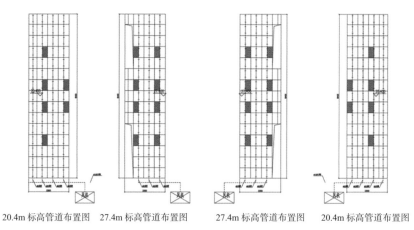

20.4m 标高管道布置图   27.4m 标高管道布置图   27.4m 标高管道布置图   20.4m 标高管道布置图

图 6-21　充气设备布置图

5. 防鸟架设置

因 ETFE 膜材料与尖锐物接触易造成损伤，而本项目屋面面积大，遇鸟停靠停立概率高，因此，避免鸟爪对屋面膜结构造成损伤是本工程需要重点注意的事项。为了避免鸟类直接停立在 ETFE 膜表面，在每个气枕单元四周均设置防鸟架，防鸟架上布置直径为 6mm 防鸟钢丝绳作为鸟类降落至屋面时的站立点，从而避免对气枕造成损伤。防鸟架钢丝绳示意图如图 6-22 所示。

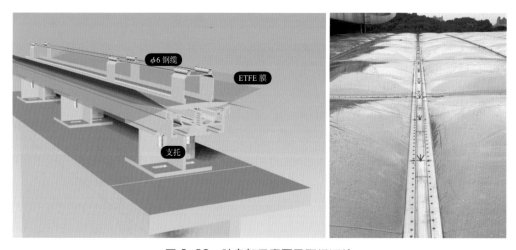

图 6-22　防鸟架示意图及现场图片

6. 隔热处理

ETFE 膜气枕具有良好的保温隔热能力，原因在于每个气枕即是一层或多层封闭的气囊，气囊中封闭的空气使其隔热保温性能随着空气层厚度的增加而增加，同时与玻璃温室相似，由透光性能良好的气枕围合的空间也同样产生温室效应。但不同的是，气枕系统可以利用自身的特殊构造，方便而精确地调节透光量，将遮阳设计复合在气枕中。其原理是采用 3 层膜面形成两个独立的气囊，通过调节两个气枕的充气量，控制一层膜面上镀银花纹相对另外两层膜面的开合，达到调节透光量的目的。因此，以 ETFE 气枕系统围合的空间冬季可以吸收、透射阳光并获取热量，用以补充建筑取暖的要求，降低能源消耗；夏季 ETFE 气枕系统则转化成一套遮阳系统，避免温室效应。例如帕萨迪纳设计学院的艺术中心改造项目中，印有特别设计图案的 3 层膜材构成的气枕天窗可以将透光量在 20%～50% 的范围之间加以调节。除此而外，由气枕围合的封闭空间通过设置可开启的通风窗孔，来组织室内自然通风，大大减少了夏季空调制冷所带来的能源消耗。

通过 ETFE 三层膜（两空腔）气枕传热系数计算书得出气枕的综合传热系数计算结果为：1.575（附计算式）

TEFE 三层膜（两空腔）气枕传热系数计算书

采用 ETFE 三层两空腔气枕（三层膜）

双层膜传热系数公式：$1/U_e + \sum d_i/K_i + R_a + 1/U_i$ （6-1）

$U_e=K_e$—膜外表面涂层传热系数，取 6.1W/（$m^2\cdot K$）；

$U_i=K_i$—膜内表面涂层传热系数，取 6.3W/（$m^2\cdot K$）；

d_i—第 i 层膜材料导热系数（W/（$m\cdot K$）），乙烯—四氟乙烯取 0.05；

R_a—空气层热阻（$m^2\cdot K$）/m^2，取值 0.15（$m^2\cdot K$）/m^2。

$$U=\frac{1}{1/6.1+0.00025/0.05+0.15+0.0001/0.05+0.15+0.00025/0.05+1/6.3}=1.575$$

7. 防霉防尘处理

正常空气中含空气中的粉尘杂物等且湿度较高，需避免直接将空气输送到气枕中带入水分杂物进入到充气设备中，会使得气枕内部积累垃圾造成发霉的现象。故需在充气设备中安装除湿机保证输送到气枕中的空气干燥，安装粉尘过滤器阻隔空气中尘埃进入，从而达到防霉的目的。如图 6-23 所示。

8. 防雷处理

屋面需要考虑防雷布设的合理性。沿屋脊、屋檐、檐角等易受雷击部位处布置避雷针，用导线与埋在地下的泄流地网连接起来，从而达到避雷的目的。如图 6-24 所示。

9. 防水节点处理

ETFE 气枕结构节点技术处理需充分考虑密闭性保证无渗水现象发生。

（1）本项目屋面整体坡度为 5%，最低点坡度仅有 2%，为避免排水量不足造型膜面积水，在气枕纵向间隔设置排水槽从而避免造成积水。如图 6-25 所示。

（2）ETFE 气枕交汇处铝夹具底座及铝盖板需焊成铝构件。如图 6-26 所示。

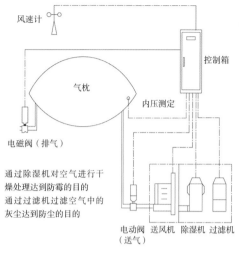

图 6-23　防霉防尘工作原理图

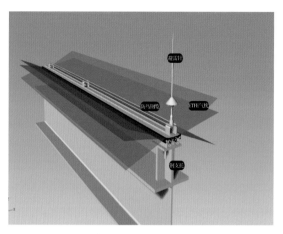

图 6-24　避雷针示意图

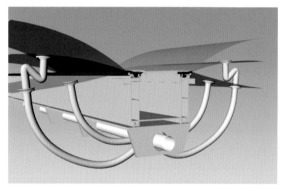

图 6-25　防水节点示意图

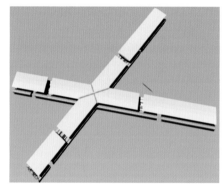

图 6-26　ETFE 气枕交汇处铝构件示意图

（3）在一体的铝底座构件上为了避免渗水加盖通长的橡胶垫。如图 6-27 所示。

（4）ETFE 气枕交汇处，一体的铝底座构件 + 通长橡胶垫 + 一体铝盖板组成的三道防水措施，杜绝漏水和渗水隐患。如图 6-28 所示。

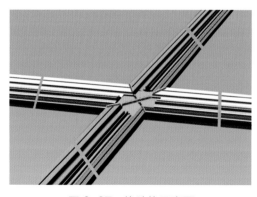

图 6-27　橡胶垫示意图

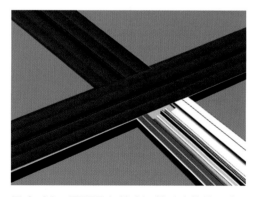

图 6-28　ETFE 气枕交汇处防水构造示意图

6.5 ETFE 气枕及铝镁锰板安装

6.5.1 安全网及防火布铺设

本工程屋面距地高 35.6m，属于高空作业范围，为了确保施工作业人员的安全，在屋面施工区域满铺安全网，并在安全网上方铺设一层防火篷布（图 6-29），避免屋面明火作业时，火星落入建筑物内部发生火灾。

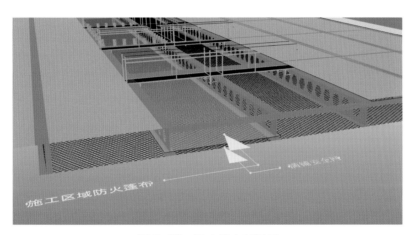

图 6-29 防火逢布铺设图

6.5.2 安装步骤及顺序

整体施工从两端往中间靠拢，即 A\D 区同时往 B\C 区施工，如图 6-30 所示。

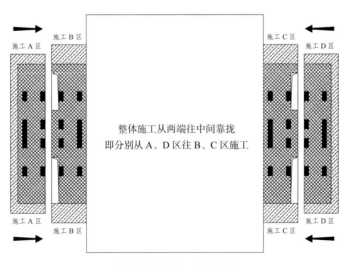

图 6-30 施工顺序图

6.5.3 二次结构安装

（1）铺设施工操作平台，如图 6-31 所示。

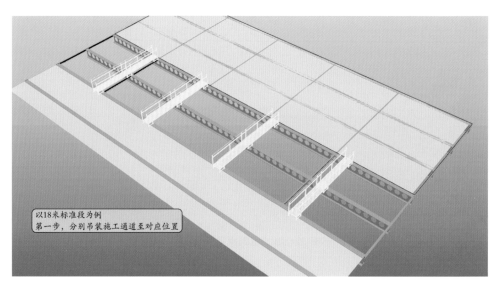

图 6-31　施工平台铺设图

（2）安装对应位置次梁，如图 6-32 所示。

图 6-32　安装次梁示意图

（3）安装膜材单体区域支托，如图 6-33 所示。

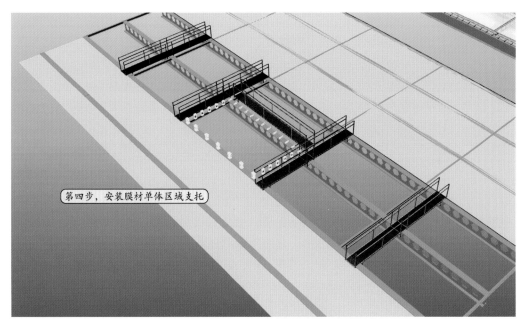

图 6-33　安装支托示意图

6.5.4　气枕安装

（1）安装下层铝夹具，如图 6-34 所示。

（2）安装下层防水橡胶垫，如图 6-35 所示。

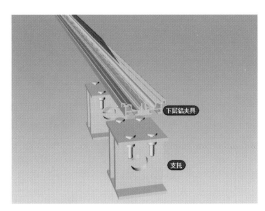

图 6-34　安装铝夹具示意图

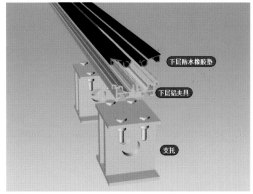

图 6-35　安装防水橡胶垫示意图

（3）安装 ETFE 气枕膜材，如图 6-36 所示。

（4）安装上层防水橡胶垫，如图 6-37 所示。

（5）安装上层铝盖板，如图 6-38 所示。

（6）气管安装及节点，如图 6-39 所示。

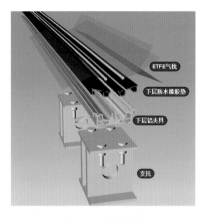

图6-36 安装ETFE气枕
膜材示意图

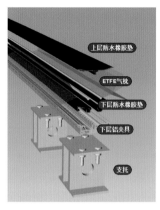

图6-37 安装上层防水
橡胶垫示意图

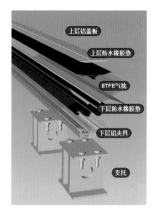

图6-38 安装上层
铝盖板示意图

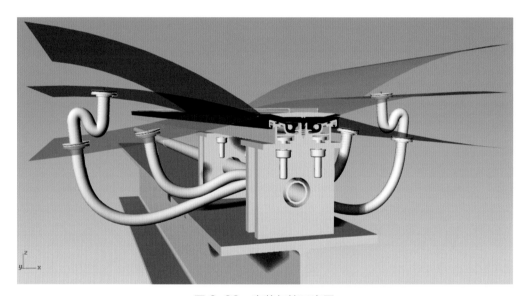

图6-39 安装气管示意图

6.5.5 气枕安装工艺

1. 工艺流程说明

钢结构点位确认→尺寸复核→防雷接地极地下管线布置及安装→通信机控设备安装→二次钢结构安装→排水天沟安装→EPDM氯丁橡胶带粘连→气枕就位→气枕四周特制防鸟架安装→气枕固定张拉→集成电路板、供气设备、风压计及管道安装→通气管道与气枕连接→气枕内第一次试充气→气枕与防鸟架密封条安装→充气→远程监控设备安装→试运行→检测及验收。

2. 气膜安装要点

（1）前期的钢结构尺寸复核及膜片找型裁剪是关键，主要是保证减少并控制原材料形变小于 1.7% 的范围内；

（2）天沟及防鸟架的安装要特别注意与气膜保留一定的间隙，特别是要电脑前期模拟充气完成后的间距尺寸，以免刮破；

（3）充气前，一定要保证膜结构有一定的预应张力，保证充气后的饱满；

（4）第一次试充气的量预计设定为 70%，第一次充气完成后 12 小时，检查气膜饱满度及有无褶皱等缺陷；

（5）气枕与防鸟架密封条安装很关键，确保气膜的稳定；

（6）预计安装两台 ETFE 专用供气设备，其中一台备用，同时配备压力调整装置及内压计、风速计等检测设备，安装完成后，需开启充气系统至少 24 小时，以确保系统内的清洁；

（7）总体调试。气膜完成第一次充气并试运行后，调整供气设备输出压力为设计气压标准值，并对各单元模块进行淋水实验。

3.气枕充气控制系统及远程智能控制系统

气枕充气控制系统及远程智能控制系统工作流程，如图 6-40 所示。

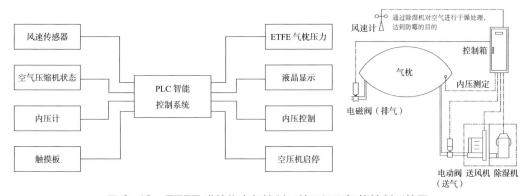

图 6-40 ETFE 膜结构充气控制系统及远程智能控制系统图

（1）内压常态时控制

内压控制监测与设计内压有关。根据实际的工程经验，一般取设计内压 A（Pa）的 +10% 作为上下限。当气压低于设计内压的 10%（下限）时，送风机开始启动并送风；当气枕内压恢复到设计荷载时，送风机停机。

（2）内压异常时控制

当阳光暴晒导致气枕内压超过设计内压的 20% 时，排气阀门就会打开，用来将内压降至设计阈值。但是需要注意的是，阵风吹袭也会造成内压的突然上升，为了避免这一点，必须想办法让充气系统能识别这种异常情况，所以要采用延时装置，当异常情况持续一段时间（10 秒左右），充气系统才会开始工作。

（3）内压强风时控制

当风速计测得风速信号超出设定值，系统将会发出强风信号并启动强风控制系统。这里测得的风速是瞬时风压。强风时的内压控制工作逻辑与常温下的内压控制相同。当气枕受到风压作用时，气枕的体积会减少，内压会开始上升，上涨的内压强度会维持一段时间。与此同时，气枕的空气体积会因气体渗漏有所减少。

当风荷载作用结束后，再补充气体回到常规状态。当气枕受到风吸作用时，体积会增加而内压减小。当内压的减小达到下限时（设计内压的 –10%），送风机就会给气枕充气，直到内压回复到设计值。当控制系统在持续一定的时间（超过 30 分钟）没有收到新的强风信号时，即可关闭强风时的工作状态。但若是接收到新的信号，系统会再次重启工作保证结构的安全。

（4）充气管道的配管设计

充气管道配管设计包括线路布置和材料选择两部分。并应遵循以下原则：

1）线路布置应尽可能使用直线。

2）材料上应优选压力损失最小的材料。

3）配管设计应综合考虑安全性、易维护性、经济性这几个指标。配管设计分为并联配管和串联配管两种基本形式，两者可以复合使用，如图 6-41 所示。

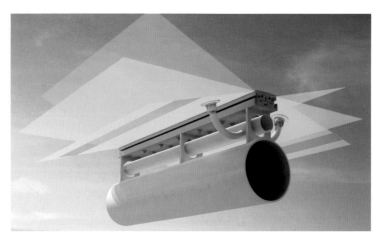

图 6-41　充气管道配管效果图

送风机在控制系统成本组成中占有较大的比重，对整个结构的建设成本和维护成本都有较大的影响。送风机的选择，需要根据压力损失和必要送风量两个指标来选择。目前市面可以选择的送风机，主要有离心式风机、涡轮风机、多级风机等等。在选择送风机时，要关注风机的机外静压这一指标，这是决定风机送风能力的一个关键指标，数值越大，送风能力越佳。

每一个 ETFE 气枕外周都是通过热合焊接，将两张或多张 ETFE 膜片复合在一起的，所以气密性好，气体的渗漏少。在设计时，可以取泄漏量为 0.15m/h/m（展开面积）进行计算。

（5）导管和配件的选择

送风导管应该选择变形小、气体泄漏量少的导管。还应根据运行荷载、外荷载、环境来选择合适的形状和材质。ETFE 气枕在受到风荷载作用或充气时都会发生一定的位移，所以在靠近气枕一端应选择能够跟随膜面位移的软导管。除导管之外的配件，还有电动阀门、排风口、送风口等等。阀门可以选择能自动运作的电动阀或电磁阀。为防止电力中断，电动阀门最好有弹簧复位功能，当电力中断时能自动关闭阀门。

（6）压力调整装置

压力调整装置包括风速计、微差压传感器（用于监测气枕内压变化）以及控制台（用于整个操控电动阀门的开关）。此外，风速计应该安放在能够确保正确探测到风速的位置。对于规模较大、建筑立面复杂的结构或者其他特殊场合，需要设置多个风速计。连接气枕与微差压传感器的压力导管要尽可能的短。若用一个微差压传感器来监测多个气枕的压力，传导到传感器的压力值实际为这些气枕的平均内压，此时连接这些气枕的导管总长不应超过 50m。

为了保证整个系统的稳定性，要配置两组相同规格的送风机，其中一组备用。两组设备间隔使用能延长设备的使用寿命。

（7）备用设备及保障

从运行角度考虑，如果发生停电时，最好能有一套紧急发电装置保持系统工作。这样初期投入成本会较高，因此应根据功能性和必要性来综合考虑。除此之外，还可以通过以下的措施来保障整个结构的安全和使用功能：

内压的降低会导致气枕凹陷和积水，在设计阶段的时候，对气枕上层膜坡度应控制在至少 5° 以上，最好是 10° 以上。

在送风机出气口处设置一个止回阀，这样至少能保证在充气过程中发生突然停电，导致电动阀门无法关闭，这时止回阀能够防止气体回流，防止气枕内压的快速下降。

（8）其他注意事项

在 ETFE 充气膜结构的使用过程中，还应考虑防结露、防尘、防浸等措施。相应的对策分述如下所示：

1）内部结露：在多雾或者平均相对湿度大于 75% 以上的地区，会在 ETFE 气枕内部产生结露现象。应该在送风机进气口处连接一台除湿机，来保证充入气枕的气体是干燥的。推荐采用处理风量大的干式除湿机。外部空气的湿度由湿度计进行监测，大于设定值就启动除湿机。

2）防尘措施：在送风机进气口设置过滤器可以有效防止灰尘或者外部异物进入。

3）防浸措施：对于需要考虑某些情况导致水流渗入的气枕，可以在下层膜底部根据需要设置一个易于操作的排水旋塞。

6.5.6 铝镁锰板安装

（1）从左到右依次安装铝板，如图6-42所示。

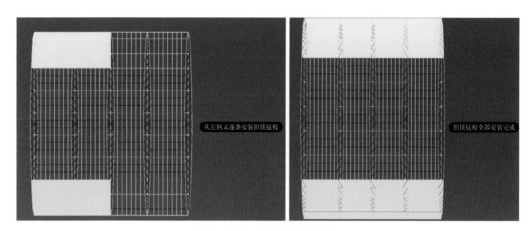

图6-42 铝板安装示意图

（2）铝镁锰上下层施工次序：

底板层（利用原有屋面底板）→主檩条（利用原屋面顶檩条）→0.3mm无纺布→0.49mm防水透气膜→屋面板专用铝合金支座→75厚24K保温玻璃丝棉→1.5mm PVC防水卷材→安装铝镁锰屋面板。

（3）主要工序施工图

1）安装保温棉，如图6-43所示。

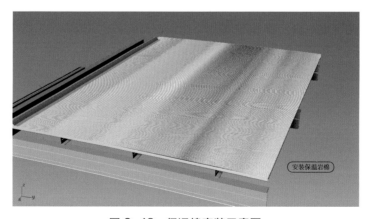

图6-43 保温棉安装示意图

2）安装铝镁锰板，如图 6-44 所示。

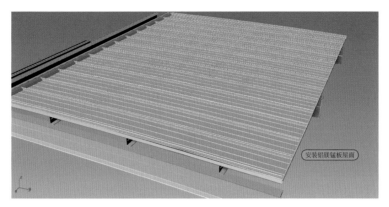
安装铝镁锰板屋面

图 6-44 铝镁锰板安装示意图

6.5.7 淋水试验

淋水试验：为了保证膜结构在雨天能正常使用，可采用消防或登高云梯，工人站在云梯篮架内，系好安全带，挂好生命线，至少 5～6 人为一个工作小组。2 人在上面冲水，并且其中一人作为安全防护员，底下水阀处安排专人开关水闸，膜面下面安排 1～2 人作为观察员，观察是否存在反水或漏水点。还有 1 人为专职安全员，统一协调指挥，并做好安全培训、安全防范及安全预警。

6.6 小结

本工程根据原屋面的实际情况，采用组合设计方法，使其改造完成后满足办公使用要求。中间部位采用 ETFE 三层两空腔气枕膜结构（部分设置成熔断膜，熔断膜数量和位置，根据消防排烟要求进行确认），可以通过改变气枕内压，调节其受力性能、透光率、隔热性能等，使整个建筑物更加安全、舒适、节能和环保。此外，通过制定专项施工方案，有效地解决了本工程屋面改造过程中遇到的难题，可以为日后类似工程项目提供参考和借鉴。

本章参考文献

[1] 刘峻峰 .ETFE 膜结构熔膜体系施工技术 [J]. 结构施工，2016，38（4）：461-463.

[2] 姜忆南，葛建，王佳等 . 更新理念与技术措施的统———基于 ETFE 膜气枕系统技术的既有建筑更新改造 [J]. 旧建筑改造，2019，205-207.

[3] 胥传喜，陈楚鑫，钱若军 .ETFE 薄膜的材料性能及其工程应用综述 [J].2003，18（6）：1-4.

[4]　黄波 .ETFE 膜结构在广州南站的应用 [J]. 城市建筑，2018，56-57.

[5]　王海明 .ETFE 膜结构主要形式及 ETFE 工程难点 [J]. 世界建筑，2009，105-109.

[6]　李君，向阳 .ETFE 膜材在建筑中的应用 [J]. 建筑创作，2014，128-131.

[7]　张英 .ETFE 膜结构在建筑中的应用 [J]. 新型建筑材料，2019，138-141.

[8]　李博，陈志华，刘红波等 .ETFE 气枕式膜结构 [J]. 建筑钢结构进展，2016，18（5）：1-9.

[9]　黄祺合，芦继忠，陶富录等 . 大跨度膜结构屋面安装施工技术 [J]. 结构施工，2018，40（9）：1541-1543.

[10]　王晖 .ETFE 膜结构安装施工控制研究 [D]. 西安 : 长安大学，2010.

[11]　薛素铎，许晶，向阳 . 荷载作用下气枕式 ETFE 膜结构受力性能分析 [J].2017，13（1）：45-51.

[12]　潘润军 . 某大型游乐项目 ETFE 膜结构安装技术 [J]. 施工技术，2016，45（15）：1-5.

[13]　陈先明，陈志雄，张欣 . 国家游泳中心（水立方）ETFE 膜结构技术在水立方中的应用 [J].2008，39（3）：195-198.

第7章
特殊消防设计与模拟分析

7.1 消防设计概况

东莞市民服务中心为原东莞国际会展中心的改造项目，原会展中心主体为单体建筑面积 4.1 万 m²、层高 35.6m 的大空间钢结构展馆。本次改造将原会展功能调整为政务办公功能，包括政务办事大厅、办公、配套服务用房等，是广东省进驻部门最全、进驻事项最多和综合窗口集成最高的政务服务中心，改造后各层功能情况如表 7-1 所示；改造后建筑的耐火等级为一级，建筑面积约 6.98 万 m²，建筑高度 35.6m，设计平面如图 7-3 ～ 图 7-7 所示。

图 7-1 东莞市民服务中心实景图

项目各层功能设置情况 表 7-1

建筑楼层	区域功能及用途	层高
一层（L1）	办事大厅、配套服务用房、办公用房、设备用房等	5.95m
二层（L2）	办事大厅、办公用房、设备用房等	6.00m
三层（L3）	办公用房、设备用房等	6.00m
四层（L4）	办公用房、设备用房等	6.00m

主体改造保留了原大空间外层钢构架，通过用途为连通功能的"十字"形公共区

域将新加建的四层建筑分隔为四个独立的区域，相应区域每层独立划分防火分区，如图 7-2～图 7-7 所示。

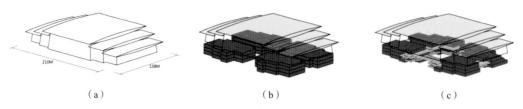

（a） （b） （c）

图 7-2 东莞市民服务中心改造设计过程示意图

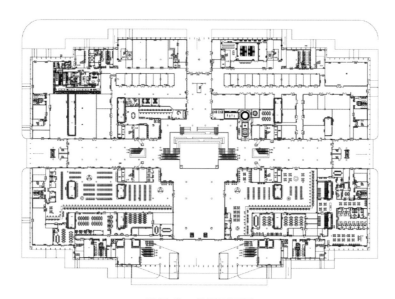

图 7-3 首层平面图

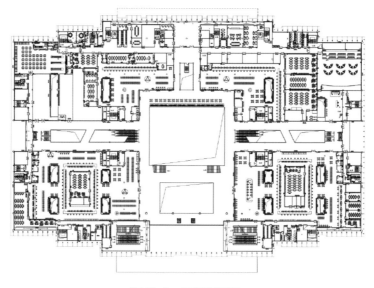

图 7-4 二层平面图

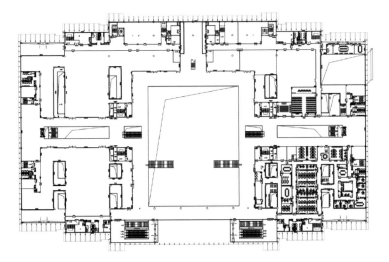

图 7-5　三层平面图

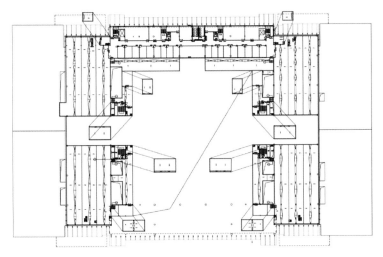

图 7-6　四层平面图

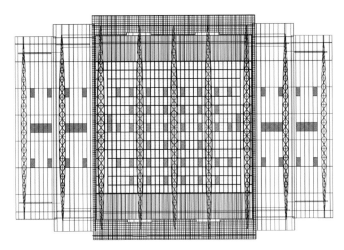

图 7-7　屋顶平面图

7.2 消防设计难点及安全策略

7.2.1 消防设计难点

东莞市民服务中心由会展中心（展览建筑）改造而成，主体保留原展览建筑的室内大空间钢结构，基于功能需求，除原局部功能用房外，大空间内部增设办事大厅、办公用房等功能区，各层功能区单独划分为 15 个防火分区，其中 1～3 层各 4 个，4 层 1 个，中庭十字街 1 个，独立设备房 1 个，平面布局如图 7-8 所示。

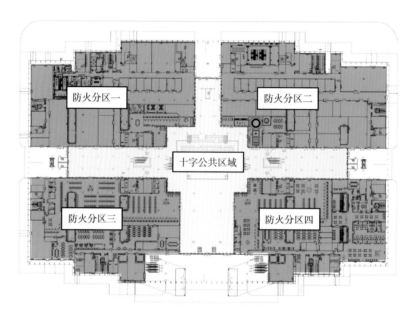

图 7-8　防火分区平面示意图

本项目由原展览建筑改造后消防设计中的主要存在以下方面的问题亟待论证分析：

（1）建筑定性；

（2）十字公共区域的安全性；

（3）安全疏散设计：

　　1）疏散人数确定；

　　2）疏散楼梯首层不能直通室外。

1. 建筑定性

本项目改造前为展览建筑，主体为单层大空间建筑，建筑高度 35.6m，内部局部有夹层，夹层顶板高度 24.0m，人员活动最高点高度不大于 24m，整体定性为单层公共建筑，改造前建筑剖面图如图 7-9 所示。

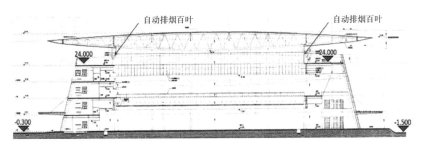

图 7-9 原会展中心剖面图

改造后室外地面标高由 -0.30m 和 -1.50m 抬高至 0.00m，室内地面标高由原 0.00m 抬高至 0.05m。内部建筑人员活动最高点为 18.0m，不上人屋面高度不大于 24m，钢结构大屋顶高度为 35.6m，如图 7-10 所示。改造后是否仍可按单、多层公共建筑进行设计，需进行安全性分析，并提出设计加强措施。

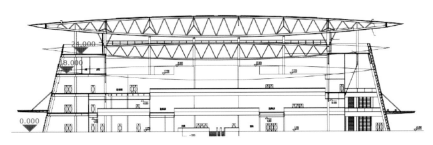

图 7-10 东莞市民服务中心剖面图

2. 十字公共区域的安全性

建筑改造后，由于建筑使用功能要求，内部设置"十字"形的公共区进行连通，十字公共区顶部设置有顶盖，设置顶盖的公共区域空间性质属于室内。十字公共区周边办公区域多个主要疏散出口需通过十字公共区间接疏散至室外安全区域，且上部楼层部分疏散楼梯在首层也需通过公共区疏散至室外安全区域（图 7-11），即十字公共区需作为人员疏散的临时过渡区，区域疏散的消防安全性需要进行分析，并提出加强措施。

3. 安全疏散设计

（1）疏散人数确定

市民中心主要使用功能为政务办公，区别于普通办公楼集中办公性质，其内部办公人员密度较普通集中办公场所低，但同时存在大量办事市民。目前，国内建筑设计规范和防火设计规范对于政务集中办公建筑内部人员密度没有明确的规定。

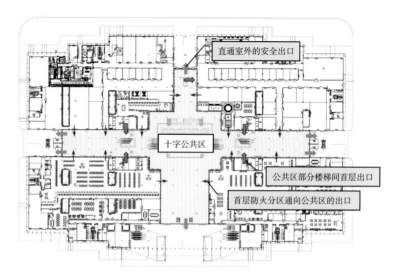

图 7-11　首层公共区疏散示意图

（2）疏散楼梯首层不能直通室外

十字公共区顶部为实现大空间自然排烟功能，屋盖采用可熔 ETFE 气枕膜替换原压型钢板屋面，空间开阔高大，但仍不能完全等同于室外。又由于上部楼层需尽量满足本层疏散距离的要求，致使建筑内部必须在各处设置疏散楼梯，由此公共区的 4 部疏散楼梯在首层不能直通室外，且距离直通室外的门距离超过 15m，如图 7-12 所示。虽有意将十字公共区通道口平面内收 22m 以缩短疏散距离，但疏散楼梯在首层不能直通室外，且离室外安全区的直线长度仍达 39.2m，其消防疏散能力仍需进一步验证。

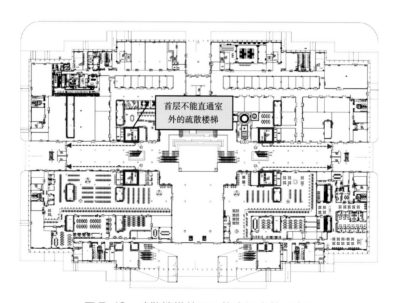

图 7-12　疏散楼梯首层不能直通室外示意图

7.2.2 消防安全策略

市民服务中心由于建筑使用功能和建筑内部结构的改变，其消防功能不能满足建筑新功能的需要，若发生火灾，导致东莞市区域政务无法办理，甚至出现群死群伤的问题，将会造成无法挽回的损失和带来严重社会负面影响。本项目主要的消防问题集中在建筑结构复杂、建筑面积太大以及疏散出口布置不合理等方面，这些问题会导致火灾时建筑内人员无法快速寻找到疏散路径、疏散路径过长或者疏散人员分流不合理等问题。

将立足于建筑的实际使用功能和建筑布局以及建筑各部位可能的火灾危害特点，在保证建筑内消防安全的同时，兼顾建筑的美观、实用性，针对消防设计上的难点，提出消防安全设计策略；力争使项目消防水平能得到保证的同时又能兼顾建筑设计、项目运营的要求，另外，相关研究分析亦对于大空间人员密集的公共政务办公场所预防火灾发生、减少人员伤亡、稳定社会发展都有着一定的积极促进作用。

1. 特殊消防分析思路

东莞市民服务中心建筑设计耐火等级为一级，消防设计过程中主要参考了消防相关设计规范和标准，参见东莞市民服务中心消防设计资料，本书将对于项目消防设计中亟待论证的建筑定性、建筑消防安全性、疏散设计等消防设计难点，依据建筑的自身特点进行特殊消防设计分析，相关研究分析思路如图 7-13 所示。

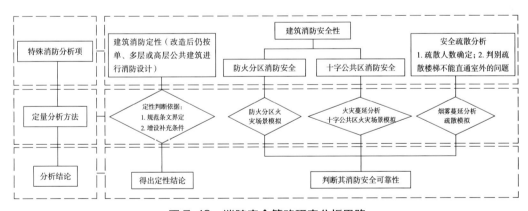

图 7-13 消防安全策略研究分析思路

2. 建筑定性

本项目改造前为单层大空间的展览建筑，改造后内部局部区域增加多层功能用房，《建筑设计防火规范》第 6.6.1 条条文解释对此类组合建造的建筑设计进行了说明："建筑高度大于 24m 的单层公共建筑，在实际工程中情况往往比较复杂，可能存在单层和多层组合建造的情况，难以确定是按单、多层建筑还是高层建筑进行防火设计。在防火设计时要根据建筑各使用功能的层数和建筑高度，综合确定"和"由于实际建筑的功能和用途千差万别，称呼也多种多样，在实际工作中，对于未明确列入表 6.6.1 中的建筑，可以比照其功能和火灾危险性进行分类。"

本项目建筑高度为 35.6m，原建筑定性为建筑高度大于 24m 的单层公共建筑，改造后由于功能需求，内部增加 4 块三层（局部四层）政务办公用房（图 7-14），改造后建筑属于单层和多层组合建造的情况，此时确定是按单、多层建筑还是高层建筑进行防火设计，主要根据建筑具有使用功能的层数和建筑高度确定：

改造后建筑内具有使用功能的楼层主要为三层，局部四层，人员活动最高点的高度仅 18.0m，该层顶板高度不大于 24.0m，如图 7-15 所示。从建筑本身的竖向疏散能力和消防扑救能力分析，建筑内各层均有满足规范要求的安全出口；同时，建筑内需要消防队员登高扑救作业的顶板高度不超过 24.0m。

根据规范条文及解释规定，可判定将本工程定性为耐火等级为一级的多层公共建筑，防火分区设计、疏散设计、消防设施设计等消防设计参照《建筑设计防火规范》GB 50017—2014 关于多层民用建筑的设计要求进行设计。后续在执行消防设计时，应保证满足以下补充条件：

（1）消防车的扑救高度不能超过 24.0m；

（2）室内人员活动最高点的顶板高度不超 24.0m；

（3）建筑相应构件的燃烧性能和耐火极限应按照一级耐火等级确定。

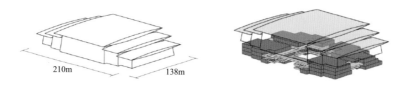

图 7-14　建筑内部结构模型图

图 7-15　建筑内部人员活动位置标高示意图

3. 十字公共区域的安全性

如前所述，设置十字公共区主要为了内部各单体之间的功能连通，形成"天然"的防火隔离带，同时为人员疏散提供了过渡区域，故公共区的安全性是建筑整体疏散安全性的关键。基于十字公共区对于防止建筑火灾蔓延、保障人员疏散的重要作用，下面从火灾荷载控制、防火分隔设计、疏散设计、排烟设计、灭火系统设计等方面提出设计策略，保证十字公共区消防安全。

（1）火灾荷载控制措施

1）十字公共区仅作为人员通行功能，不再设置其他任何功能；

2）该区域内若设置供人员临时休息的座椅，应采用不燃或难燃材料制作；

3）十字公共区顶部、墙面、地面均应采用不燃材料装修；

4）十字公共区内设置的景观植物应选择不含挥发油脂、水分多、不易燃烧的真实植物，雕塑等景观摆件也需采用不燃材料制作；

5）建筑内消防主干线电缆使用矿物绝缘电缆，其他电气线路可采用低烟无卤阻燃型电缆，并进行漏电保护。

（2）防火分隔设计

防火分隔设计主要为了防止火灾跨越公共区在防火分区之间蔓延，故提出以下设计要求：

1）两侧防火分区相对面之间的间距不应小于13m（后续将通过模拟计算防火间距的有效性），现设计方案中，防火分区相对面的最小间距如图7-16~图7-18所示。

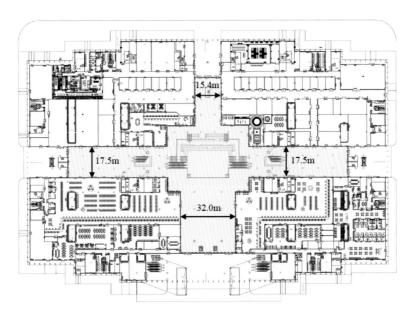

图7-16　首层公共区两侧防火分区间距示意图

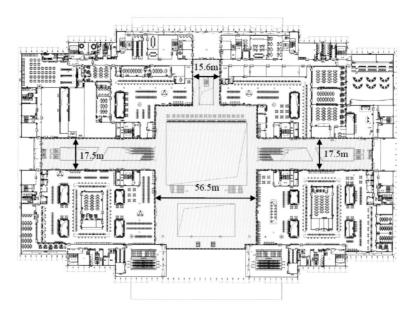

图 7-17　二层公共区两侧防火分区间距示意图

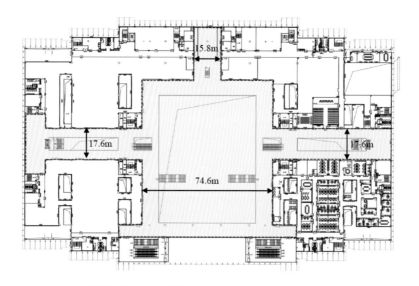

图 7-18　三层公共区两侧防火分区间距示意图

2）开向十字公共区的围护构件应采用耐火极限不低于 1.0h 的实体墙和甲级防火门窗，确有通透性要求的部位应采用 A 类防火玻璃（1.0h）或 C 类防火玻璃 + 喷淋（1.0h）保护的分隔形式，如图 7-19 所示。

（3）疏散设计

本项目首层防火分区需借用公共区进行疏散，二层及以上楼层疏散主要利用位于防火分区内部和位于十字公共区的疏散楼梯，疏散宽度和疏散距离应满足以下设计要求：

1）在整层疏散宽度满足规范要求的前提下，防火分区向公共区借用的疏散宽度不超过 30%；

2）二层及以上各层公共区任意一点到疏散楼梯的直线距离不超过 37.5m；

3）首层公共区任意一点至室外安全区域的直线距离不超过 60m。

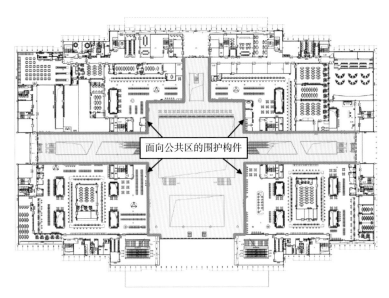

图 7-19　面向公共区的围护构件示意图（以二层为例）

（4）排烟设计

十字公共区的排烟设计要求如下：

1）该区域采用自然排烟方式，排烟窗设在屋顶，其有效排烟面积不小于该区域首层地面面积的 25%，排烟窗采用可熔断充气膜（图 7-20），但应充分保障可熔断充气膜控制熔断的可靠性；为避免夏日近屋顶处的空气温度很高，出现"热障效应"和"层化现象"限制烟气向上，而干扰了充气膜自动熔断的感烟探测装置开启，既要设置感烟探测装置与火灾自动报警系统联动自动开启的装置，还要设置能人工手动开启的装置。

2）该区域二层及以上各层楼板的开口面积不小于首层地面面积的 37%；

3）十字公共区域两端外墙上应设置可开启的门窗，且可开启门窗的面积不应小于该部位外墙面积的 50%。

（5）其他消防设施设计

1）十字公共区内有顶板覆盖的区域应设置自动喷水灭火系统保护，其他中庭洞口应设置大空间自动跟踪定位射流灭火装置保护；

2）加强公共区应急照明照度不低于 10lx；

3）公共区应设置视觉连续性疏散指示标志，指示标志间距不应大于 3.0m。

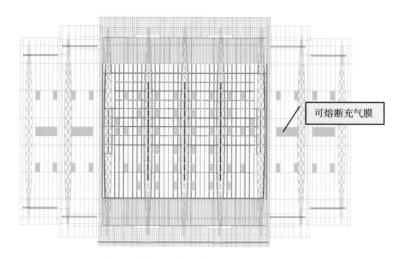

图 7-20　可熔断充气膜设置示意图

4. 安全疏散设计

（1）疏散人数确定

本项目建筑使用性质为政务办公，疏散人数计算采用密度指标法，参照非集中办公类建筑的人员密度取值，疏散人数根据不同功能区域的使用性质确定，计算原则如下：

1）普通办公、政务办公区和十字街公共区域疏散人数密度参考美国消防协会规范 NFPA101 表 7.3.1.2 关于"通向出口的通道、走廊、办公楼层"的规定取 $9.3m^2/$ 人；

2）餐饮店：就餐区参考《饮食建筑设计规范》JGJ 64—2017 第 4.1.6 条取 $1.3m^2/$ 人，厨房参考 NFPA101 表 7.3.1.2 取 $9.3m^2/$ 人；

3）有固定座椅的房间，如培训教室、包房、食堂等按照座椅数量的 1.1 倍确定；

4）其他区域疏散人数按照规范要求确定。

（2）疏散楼梯首层不能直通室外

根据前述难点分析，本项目建筑平面尺寸较大，最大达到 209m×138m，如此大的平面尺度，为尽量满足建筑各层疏散距离的要求，建筑防火分区内 4 部疏散楼梯设置在建筑中部位置，此时只能通过首层公共区疏散至室外。对 4 部疏散楼梯的疏散距离提出以下要求：4 部疏散楼梯通过首层公共区疏散至室外的直线距离控制在 60m 以内（图 7-21），后文将通过模拟计算进行定量分析，验证人员通过公共区疏散的安全性。

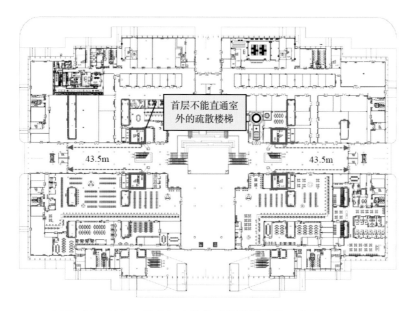

图 7-21　首层不能直通室外的疏散楼梯疏散距离控制示意图

通过以上对建筑内消防设计难点的分析，报告制定了有针对性地解决建筑设计中存在问题的方案。在后续章节，将采用定量分析的方法对上述特殊消防设计方案的消防安全水平进行验证，以判断现有设计方案是否可达到在火灾时保证人员疏散安全的设计目标。

7.3　定量分析的方法

本节将针对东莞市民服务中心消防设计中采用的消防安全策略进行定量分析，本节将确定定量分析采用的分析原则、分析依据、安全目标、判定标准、基本参数、假设条件等，为消防安全论证分析提供基础。

7.3.1　分析原则

消防安全定量分析的原则就是，针对建筑本身的特点和功能要求，从消防安全的整体出发，在确保建筑本身的功能性、有效性和经济性的基础上，保证消防设计达到与国家标准相等同的安全水平，确保生命财产安全和建筑运行的连续性。具体要求如下：

（1）消防设计应尽可能满足现行规范的要求；

（2）采用常规方法设计无法满足建筑的使用要求时，提供具有针对性的消防安全策略；

（3）对消防安全策略进行定性、定量分析，判定其是否达到消防安全目标。

7.3.2 分析依据

在对东莞市民服务中心项目进行设计和消防论证分析的过程中，主要依据设计图纸和材料，对照现行国家规范的要求，参考国际权威的规范及文献资料、国内科研成果，综合考虑按规范进行的消防设计与具有针对性的消防安全策略，从整体上考察建筑的总体消防安全水平。

7.3.3 安全目标

消防安全定量分析的目的在于检验建筑的消防设计，验证采用的消防安全策略是否能防止火灾发生，及时发现火情，通过适当的报警系统及早发布火灾警报，有组织、有计划地将建筑内的人员疏散到安全区域，采取正确方法扑灭或控制火灾，将财产损失控制在一定范围内。

确定分析对象的安全目标是进行消防安全分析的出发点，根据项目的使用性质以及项目中的问题，确定安全目标如下：

（1）为使用者提供安全保障；

（2）为消防人员提供消防条件，保障其生命安全；

（3）尽量减少财产损失，避免政务服务中断。

7.3.4 安全判据

1. 人员生命安全标准

安全判据以人员生命安全标准和判定标准及安全余量为依据，根据国际上普遍采用的判定条件，考虑热烟层的辐射、对流热，人员在烟气中的能见度、烟气的毒性等达到临界特性，本书采用的人员生命安全标准如表 7-2 所示。

人员生命安全标准   表 7-2

标准	特性界定
热烟层辐射热	热烟层大于最小清晰高度，烟气温度低于 180℃
人员在烟气中疏散的温度	热烟层小于最小清晰高度，烟气温度低于 60℃
能见度	热烟层小于最小清晰高度，光密度高于 $0.1m^{-1}$，即 10m
一氧化碳浓度（中毒）	热烟层小于最小清晰高度，浓度低于 500ppm
二氧化碳浓度（窒息）	热烟层小于最小清晰高度，浓度低于 1%（体积百分比）

2. 人员生命安全判定标准

在对人员生命安全进行判定的过程中，一般应用量化的"时间线"，这种分析方法涉及两个时间的比较：

（1）火灾在防火分区内蔓延至超出人体承受极限情况的时间，也称为可提供的安全疏散时间（ASET）；

（2）人员疏散完毕的时间，也称为所需要的安全疏散时间（RSET），一个安全及可接受的消防系统必须符合以下条件：

$$RSET < ASET$$

以上公式表明人员能在环境还未超出人体承受极限的情况下疏散完毕，图 7-22 描述了以上时间的顺序及原则。

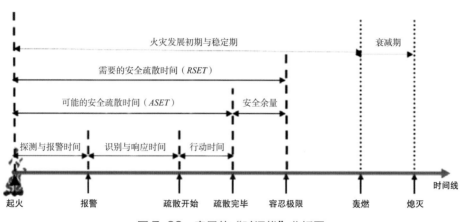

图 7-22　定量的"时间线"分析图

3. 安全余量

在建筑内特定的火灾场景下，如果保证人员逃离到安全区域的时间（RSET）小于火灾发展到不可忍受的条件的时间（ASET），则可实现人员疏散安全。为了保证建筑内的人员疏散安全，同时为了确保所判断消防安全分析报告中的结论具有充裕的可靠度，在这两个时间关系中加入一个适当的安全余量时间，以简化考虑与适当补偿计算模型中的不确定性因素的影响，以及人员逃生和火灾场景中可能出现的不确定性因素影响。

通过对安全余量的分析，可以很客观地判断火灾发生时人员疏散安全是否能得到保证。

4. 辐射热通量判据

安全辐射热通量的判据取 10kW/m²（易燃物），又因为纸张的燃点为 130℃，则判据标准还应包括火灾不会因为高温烟气蔓延至对侧导致火灾发生蔓延，及蔓延至对侧的烟气温度不应高于 130℃。

7.3.5　定量分析程序

在本章中，对东莞市民服务中心项目的消防安全定量分析将主要遵从以下程序进行（图 7-23）：

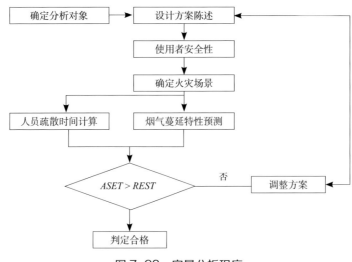

图 7-23　定量分析程序

（1）确定本工程的消防安全目标以及消防安全标准；

（2）分析项目的具体情况，确定防火分区、人员疏散等消防安全策略；

（3）根据项目的人员分布、结构功能特点，确定疏散场景和火灾场景；

（4）利用人员疏散软件 STEPS 对建筑内人员疏散进行模拟计算，预测人员疏散需要的时间及各出口疏散情况；

（5）利用烟气模拟软件 FDS 对建筑内火灾烟气流动蔓延情况进行模拟，分析火灾环境中人员逃生和灭火救援环境；

（6）利用烟气模拟软件 FDS 对防火隔离带区域的热辐射通量及烟气温度进行模拟，分析防火隔离带一侧建筑着火对另一侧建筑的影响；

（7）运用消防安全定量分析中的人员安全判据，通过对比烟气模拟计算和人员疏散模拟结果分析消防安全设计的综合性能，定量地判定建筑内人员及消防队员在火灾中的安全性；

（8）运用消防安全定量分析中消防设施及财产保护判据，通过对烟气模拟计算，定量判定消防设施的有效性以及财产的安全性；

（9）从该项目整体消防安全的角度出发，通过烟气和疏散计算过程，提出关于该项目的消防安全分析结论和建议。

7.4　定量分析对象

对东莞市民服务中心中需要进行定量分析的对象进行描述，定量分析中选取的对象具有代表性，这些对象的定量分析结果将代表东莞市民服务中心的安全性。同时根据分析对象的使用性质、建筑结构、火灾荷载、人员情况等设置火灾场景和疏散场景。

7.4.1 火灾场景

为了评估当前消防设计的安全性，将东莞市民服务中心整体作为分析对象，根据存在的消防设计问题和本章提供的消防安全策略，分别考虑火灾发生在如下部位时，建筑整体的消防安全：

（1）首层中部下沉空间；

（2）首层办事大厅；

（3）首层配套管理用房；

（4）二层室外连廊休息区；

（5）二层办事大厅；

（6）三层培训教室；

（7）四层文件库房。

在对火灾场景的确定中主要考虑建筑内的可燃烧物品的位置及该位置的消防系统设备，以热释放率来定量计算设计火灾。消防安全分析将根据所选取的设定火灾来判定建筑内消防设计的安全性。

选取的火灾场景应考虑其不利的情况，同时其发生的几率必须合理。如只考虑最不利情况，范围非常广，而且"最不利"的定义很模糊，可包括如恐怖袭击等很多极端事件，但这些事件发生的几率往往非常低。因此，以上极度不利且发生几率低的火灾场景本书将不作考虑。

火灾场景 A：火灾发生在首层中部下沉空间，模拟时假设公共区灭火系统失效，分别考虑大空间自然排烟和自然排烟系统失效的场景，验证首层公共区发生火灾对建筑人员安全疏散的影响。

火灾场景 A1：火灾发生在首层中部下沉空间，公共区灭火系统失效，大空间自然排烟有效；

火灾场景 A2：火灾发生在首层中部下沉空间，公共区灭火系统失效，大空间自然排烟失效。

火灾场景 B：火灾发生在首层办事大厅，模拟时假设办事大厅内灭火系统和排烟系统均失效的不利情况，公共区大空间自然排烟，验证首层办事大厅发生火灾对建筑人员安全疏散的影响。

火灾场景 C：火灾发生在首层配套管理用房，管理用房内灭火系统和排烟系统均失效的不利情况，公共区大空间自然排烟，验证首层配套管理用房发生火灾导致安全出口失效的情况对建筑人员安全疏散的影响。

火灾场景 D：火灾发生在二层室外连廊休息区，模拟时假设连廊休息区灭火系统和排烟系统均失效的不利情况，公共区大空间自然排烟，验证二层公共区发生火灾对建筑人员安全疏散的影响。

火灾场景 E：火灾发生在二层办事大厅，模拟时假设整个办事大厅内灭火系统和排烟系统均失效的不利情况，公共区大空间自然排烟，验证二层办事大厅中部发生火灾对建筑人员安全疏散的影响。

火灾场景 F：火灾发生在三层培训教室，模拟时假设三层培训教室内灭火系统和排烟系统均失效的不利情况，公共区大空间自然排烟，验证三层培训教室发生火灾对建筑人员安全疏散的影响。

火灾场景 G：火灾发生在四层管理用房中可能存在的文件库房，模拟时假设文件库房内灭火系统和排烟系统均失效的不利情况，考虑公共区大空间自然排烟有效和失效的两种情况，验证高位火灾对建筑人员安全疏散的影响。

火灾场景 G1：火灾发生在四层文件库房，文件库房内灭火系统和排烟系统均失效，大空间自然排烟有效；

火灾场景 G2：火灾发生在四层文件库房，文件库房内灭火系统和排烟系统均失效，大空间自然排烟失效。

各火灾场景起火点位置如图 7-24 所示。

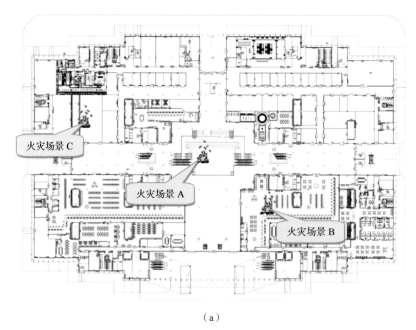

（a）

图 7-24 建筑内起火点位置示意图（一）

（a）首层起火点位置

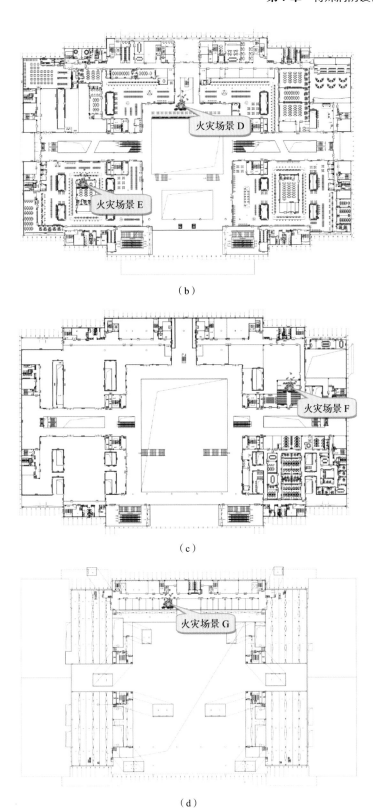

（b）

（c）

（d）

图 7-24　建筑内起火点位置示意图（二）

（b）二层起火点位置；（c）三层起火点位置；（d）四层起火点位置

7.4.2　火灾情景设定

1. 火灾类型

（1）热释放速率恒定的火

在进行消防安全分析和排烟系统设计时还常采用热释放速率恒定的火，即假定从起火开始热释放速率即保持在某一数值。这一数值常取为可燃物燃烧时的峰值热释放速率或水喷淋系统启动时的火源的热释放速率。由于热释放速率恒定的火忽略了火灾的增长阶段，因而常在需进行比较保守的设计时采用。

（2）选取的火灾热释放速率

为了考虑火灾发展的不确定性，均略去了火灾增长的阶段，认为火灾一直以最大热释放速率发生。根据东莞市民服务中心项目内的业态及使用性质，火灾均按快速发展火灾设计。

2. 火灾规模

火灾发生的规模应综合考虑建筑内消防设施的安全水平，火灾荷载的布置及种类，建筑空间大小，以及成熟可信的统计资料、试验结果等确定。

本章在对火灾场景的设计中，设计参数取值均较为保守，如忽略了火灾的衰减过程，认为火灾一直按最大热释放速率发展；如忽略了快速响应喷头的响应对火灾进行快速控制等。保守的设计是为了考虑火灾发生和发展过程中的不确定性，保证建筑设计的消防安全性，如表7-3所示。

建筑内各火灾场景设计情况统计　　　　　　　　表7-3

场景编号	起火位置	火灾规模（MW）	灭火系统	排烟	备注
A1	中部下沉空间	8	失效	大空间自然排烟	整体疏散
A2	中部下沉空间	8	失效	大空间自然排烟失效	整体疏散
B	首层办事大厅	6	失效	室内机械排烟失效 大空间自然排烟	整体疏散
C	首层配套管理用房	6	失效	室内机械排烟失效 大空间自然排烟	整体疏散
D	二层室外连廊休息区	8	失效	机械排烟失效 大空间自然排烟	整体疏散
E	二层办事大厅	6	失效	机械排烟失效 大空间自然排烟	整体疏散
F	三层培训教室	6	失效	机械排烟失效 大空间自然排烟	整体疏散
G1	四层文件库房	20	失效	机械排烟失效 大空间自然排烟	整体疏散
G2	四层文件库房	20	失效	机械排烟失效 大空间自然排烟失效	整体疏散

7.4.3　疏散场景

人员疏散计算是消防工程设计一个很重要的部分，它直接影响到消防设计的安全性。在对人员疏散进行定量分析的过程中，需要确定具有代表性的疏散场景，利用疏散软件对场景进行模拟。疏散场景：模拟建筑内所有人员整体疏散，且所有安全出口可用，观察人员疏散的情况。

要求通过疏散模拟得到建筑内人员整体的疏散时间，同时，为了考虑疏散过程中的不确定性因素，在充分考虑疏散报警和预动作时间的基础上，还将对行动时间考虑 1.5 倍的安全系数，以保证火灾中人员疏散的行动时间预留充足。

7.4.4　分析论证及结果

本部分针对东莞市民服务中心消防设计难点所采用的消防安全策略，采用定性分析和定量计算等方式对其进行消防安全分析，论证其消防安全性。东莞市民服务中心的安全性分析中，共设计了 7 个计算对象，共 9 个火灾场景进行模拟计算，以验证消防设计的安全性，由于情景火灾模拟结果规律具有一定的相似性，本文将对其中四个火灾场景进行论述。模拟中根据火灾烟气的蔓延情况，分析判断火灾是否会发生水平或垂直蔓延、烟气及热是否能成功排走、火灾是否会较大程度地改变大空间内的环境、火场环境是否会对人员构成威胁。

考虑到建筑内需要提供人员疏散路径及消防队员火灾扑救环境，计算中将各火灾场景的模拟时间确定为 30min，即 1800s。

1. 首层中部下沉空间火灾

（1）首层中部下沉空间火灾场景 A1

首层中部下沉空间火灾场景 A1 模拟结果如下：

1）烟气温度的模拟结果

模拟结束（1800s）时，大空间内烟气温度达到 38℃。

2）CO_2 浓度的模拟结果

模拟结束（1800s）时，一层地面上方 2.2m 处 CO_2 浓度达到 0.03%，二层地面上方 2.2m 处 CO_2 浓度达到 0.03%，三层地面上方 2.2m 处 CO_2 浓度达到 0.03%。

3）CO 浓度的模拟结果

模拟结束（1800s）时，一层地面上方 2.2m 处 CO 浓度达到 0.1ppm，二层地面上方 2.2m 处 CO 浓度达到 0.2ppm，三层地面上方 2.2m 处 CO 浓度达到 1ppm。

4）能见度的模拟结果

模拟结束（1800s）时，一层地面上方 2.2m 处能见度在 30m 以上，二层地面上方 2.2m 处能见度在 30m 以上，三层地面上方 2.2m 处能见度在 30m 以上。

根据模拟结果，可得到量化结果如表 7-4 所示：

场景 A1 模拟结果统计 表 7-4

达到人体耐受极限判据	F1	F2	F3
上层烟气温度达到 180℃时间（s）	>1800	>1800	>1800
下层烟气温度达到 60℃时间（s）	>1800	>1800	>1800
距离地面上方 2.0m 处的 CO_2 浓度达到 1% 的时间（s）	>1800	>1800	>1800
距离地面上方 2.0m 处的 CO 浓度达到 500ppm 的时间（s）	>1800	>1800	>1800
距离地面上方 2.0m 处能见度下降到 10m 时间（s）	>1800	>1800	>1800
火灾发展到致使环境条件达到人体耐受极限的时间（ASET）（s）	>1800	>1800	>1800
从火灾发生到人员疏散到安全地点所用时间（RSET）（s）	404	243	200
安全余量时间（s）	>1396	>1557	>1600

（2）首层中部下沉空间火灾场景 A2

首层中部下沉空间火灾场景 A2 模拟结果如下：

1）烟气温度的模拟结果

模拟结束（1800s）时，大空间内烟气温度达到 45℃。

2）CO_2 浓度的模拟结果

模拟结束（1800s）时，一层地面上方 2.2m 处 CO_2 浓度达到 0.03%，二层地面上方 2.2m 处 CO_2 浓度达到 0.03%，三层地面上方 2.2m 处 CO_2 浓度达到 0.12%。

3）CO 浓度的模拟结果

模拟结束（1800s）时，一层地面上方 2.2m 处 CO 浓度达到 1.8ppm，二层地面上方 2.2m 处 CO 浓度达到 5ppm，三层地面上方 2.2m 处 CO 浓度达到 65ppm。

4）能见度的模拟结果

模拟结束（1800s）时，一层地面上方 2.2m 处能见度在 30m 以上，二层地面上方 2.2m 处能见度在 30m 以上，三层地面上方 2.2m 处能见度在 30m 以上。

根据模拟结果，可得到量化结果如表 7-5 所示：

场景 A2 模拟结果统计 表 7-5

达到人体耐受极限判据	F1	F2	F3
上层烟气温度达到 180℃时间（s）	>1800	>1800	>1800
下层烟气温度达到 60℃时间（s）	>1800	>1800	>1800

续表

达到人体耐受极限判据	F1	F2	F3
距离地面上方 2.0m 处的 CO_2 浓度达到 1% 的时间（s）	>1800	>1800	>1800
距离地面上方 2.0m 处的 CO 浓度达到 500ppm 的时间（s）	>1800	>1800	>1800
距离地面上方 2.0m 处能见度下降到 10m 时间（s）	>1800	>1800	>1800
火灾发展到致使环境条件达到人体耐受极限的时间（ASET）（s）	>1800	>1800	>1800
从火灾发生到人员疏散到安全地点所用时间（RSET）（s）	404	243	200
安全余量时间（s）	>1396	>1557	>1600

以上模拟结果表明，当首层中部下沉空间发生火灾时，大空间喷淋失效、排烟系统有效或失效的极端情况下，建筑内火灾烟气的温度、CO_2 浓度、CO 浓度以及能见度等人体耐受判据在 1800s 的模拟时间内均未达到极限值，而内部人员在 404s 即完成了疏散，安全余量时间充足。

2. 首层办事大厅火灾

首层办事大厅火灾场景 B 模拟结果如下：

（1）烟气温度的模拟结果

模拟结束（1800s）时，大空间内烟气温度达到 27℃，起火分区内上层烟气温度达到 130℃，下层烟气温度达到 55℃。

（2）CO_2 浓度的模拟结果

模拟至（490s）时，起火分区地面上方 2.2m 处 CO_2 浓度达到 1%，模拟结束（1800s）时，一层地面上方 2.2m 处 CO_2 浓度达到 0.1%，二层地面上方 2.2m 处 CO_2 浓度达到 0.3%，三层地面上方 2.2m 处 CO_2 浓度达到 0.28%。

（3）CO 浓度的模拟结果

模拟至（432s）时，起火分区地面上方 2.2m 处 CO 浓度达到 500ppm，模拟结束（1800s）时，一层地面上方 2.2m 处 CO 浓度达到 30ppm，二层地面上方 2.2m 处 CO 浓度达到 150ppm，三层地面上方 2.2m 处 CO 浓度达到 145ppm。

（4）能见度的模拟结果

模拟至（336s）时，起火分区地面上方 2.2m 处能见度降到 10m，模拟结束（1800s）时，一层地面上方 2.2m 处能见度在 30m 以上，二层地面上方 2.2m 处能见度在 30m 以上，三层地面上方 2.2m 处能见度在 30m 以上。

根据模拟结果，可得到量化结果如表 7-6 所示：

场景 B 模拟结果统计   表 7-6

达到人体耐受极限判据	起火分区	F1	F2	F3
上层烟气温度达到 180℃时间（s）	>1800	>1800	>1800	>1800
下层烟气温度达到 60℃时间（s）	>1800	>1800	>1800	>1800
距离地面上方 2.0m 处的 CO_2 浓度达到 1% 的时间（s）	490	>1800	>1800	>1800
距离地面上方 2.0m 处的 CO 浓度达到 500ppm 的时间（s）	432	>1800	>1800	>1800
距离地面上方 2.0m 处能见度下降到 10m 时间（s）	336	>1800	>1800	>1800
火灾发展到致使环境条件达到人体耐受极限的时间（ASET）（s）	336	>1800	>1800	>1800
从火灾发生到人员疏散到安全地点所用时间（RSET）（s）	230	404	243	200
安全余量时间（s）	106	>1396	>1557	>1600

以上模拟结果表明，当首层办事大厅内发生火灾时，办事大厅内喷淋失效、机械排烟失效的不利情况下，大空间采用自然排烟，办事大厅内的 CO_2 浓度在 490s 达到人体耐受极限、CO 浓度在 432s 达到人体耐受极限、能见度在 336s 达到人体耐受极限，此时人员已疏散至楼梯间或公共区内，疏散余量为 106s，而整个公共区内的人体耐受判据在 1800s 的模拟时间内均未达到极限值，而内部人员在 404s 即完成了整体疏散，公共区的安全余量时间充足。

3. 二层室外连廊区火灾

二层室外连廊休息区火灾场景 D 模拟结果如下：

（1）烟气温度的模拟结果

模拟结束（1800s）时，大空间内烟气温度达到 35℃。

（2）CO_2 浓度的模拟结果

模拟结束（1800s）时，二层地面上方 2.2m 处 CO_2 浓度达到 0.03%，三层地面上方 2.2m 处 CO_2 浓度达到 0.03%。

（3）CO 浓度的模拟结果

模拟结束（1800s）时，二层地面上方 2.2m 处 CO 浓度达到 2.8ppm，三层地面上方 2.2m 处 CO 浓度达到 4ppm。

（4）能见度的模拟结果

模拟结束（1800s）时，二层地面上方 2.2m 处能见度在 30m 以上，三层地面上方 2.2m 处能见度在 30m 以上。

根据模拟结果，可得到量化结果如表 7-7 所示：

场景 D 模拟结果统计　　　　　　　　　　　　表 7-7

达到人体耐受极限判据	F2	F3
上层烟气温度达到 180℃时间（s）	>1800	>1800
下层烟气温度达到 60℃时间（s）	>1800	>1800
距离地面上方 2.0m 处的 CO_2 浓度达到 1% 的时间（s）	>1800	>1800
距离地面上方 2.0m 处的 CO 浓度达到 500ppm 的时间（s）	>1800	>1800
距离地面上方 2.0m 处能见度下降到 10m 时间（s）	>1800	>1800
火灾发展到致使环境条件达到人体耐受极限的时间（ASET）（s）	>1800	>1800
从火灾发生到人员疏散到安全地点所用时间（RSET）（s）	243	200
安全余量时间（s）	>1557	>1600

以上模拟结果表明，当二层室外连廊休息区发生火灾时，该区域内喷淋失效、机械排烟失效的不利情况下，大空间采用自然排烟，建筑内火灾烟气的温度、CO_2 浓度、CO 浓度以及能见度等人体耐受判据在 1800s 的模拟时间内均未达到极限值，而内部人员在 243s 即完成了疏散，安全余量时间充足。

4. 四层文件库房火灾

（1）四层文件库房火灾场景 G1

四层文件库房火灾场景 G1 模拟结果如下：

1）烟气温度的模拟结果

模拟结束（1800s）时，大空间内烟气温度达到 40℃。

2）CO_2 浓度的模拟结果

模拟结束（1800s）时，三层地面上方 2.2m 处 CO_2 浓度达到 0.031%。

3）CO 浓度的模拟结果

模拟结束（1800s）时，三层地面上方 2.2m 处 CO 浓度达到 1ppm。

4）能见度的模拟结果

模拟结束（1800s）时，三层地面上方 2.2m 处能见度在 30m 以上。根据模拟结果，可得到量化结果如表 7-8 所示：

场景 G1 模拟结果统计　　　　　　　　　　　　表 7-8

达到人体耐受极限判据	F3
上层烟气温度达到 180℃时间（s）	>1800
下层烟气温度达到 60℃时间（s）	>1800
距离地面上方 2.0m 处的 CO_2 浓度达到 1% 的时间（s）	>1800
距离地面上方 2.0m 处的 CO 浓度达到 500ppm 的时间（s）	>1800
距离地面上方 2.0m 处能见度下降到 10m 时间（s）	>1800

达到人体耐受极限判据	F3
火灾发展到致使环境条件达到人体耐受极限的时间（ASET）（s）	>1800
从火灾发生到人员疏散到安全地点所用时间（RSET）（s）	200
安全余量时间（s）	>1600

（2）四层文件库房火灾场景 G2

四层文件库房火灾场景 G2 模拟结果如下：

1）烟气温度的模拟结果

模拟结束（1800s）时，大空间内烟气温度达到 45℃。

2）CO_2 浓度的模拟结果

模拟结束（1800s）时，三层地面上方 2.2m 处 CO_2 浓度达到 0.035%。

3）CO 浓度的模拟结果

模拟结束（1800s）时，三层地面上方 2.2m 处 CO 浓度达到 1.3ppm。

4）能见度的模拟结果

模拟结束（1800s）时，三层地面上方 2.2m 处能见度在 30m 以上。根据模拟结果，可得到量化结果如表 7-9 所示：

场景 G2 模拟结果统计表　　　　　　　　　　　　表 7-9

达到人体耐受极限判据	F3
上层烟气温度达到 180℃时间（s）	>1800
下层烟气温度达到 60℃时间（s）	>1800
距离地面上方 2.0m 处的 CO_2 浓度达到 1% 的时间（s）	>1800
距离地面上方 2.0m 处的 CO 浓度达到 500ppm 的时间（s）	>1800
距离地面上方 2.0m 处能见度下降到 10m 时间（s）	>1800
火灾发展到致使环境条件达到人体耐受极限的时间（ASET）（s）	>1800
从火灾发生到人员疏散到安全地点所用时间（RSET）（s）	200
安全余量时间（s）	>1600

以上模拟结果表明，当四层文件库房发生火灾时，该区域内喷淋失效、机械排烟失效的不利情况下，大空间自然排烟系统有效或失效的情况下，建筑内火灾烟气的温度、CO_2 浓度、CO 浓度以及能见度等人体耐受判据在 1800s 的模拟时间内均未达到极限值，而内部人员在 200s 即完成了疏散，安全余量时间充足。

5. 分析结果

通过对上述场景的分析可知，在对大空间自然排烟有效和失效的不利组合的情况下，大空间内的排烟效果能够得到有效保证，火灾时人员逃生仍有较大安全余量。由于本项目室内属于高大空间的建筑，建筑大空间公共区有很强的蓄烟能力，其自身的蓄烟能力便能为人员提供较长的疏散时间，故呈现以上模拟结果。

结合计算机模拟分析结果和第二节提出的特殊消防设计策略，认为本项目防火分区划分、疏散设计及防排烟系统设计是可行的，但在日常管理中仍要加强维护、保养，确保各类消防设施在火灾时能正常工作。

7.4.5　火灾蔓延分析

本章采用 NFPA92B 和 NFPA204 中提供的火灾热辐射分析模型，预测火焰中心轴各方位不同距离的热辐射强度，并通过数值模拟分析火灾时，为防止火灾蔓延，可燃物（或防火分区相对面）之间需保持的安全距离。

1. 辐射蔓延计算模型

可燃物在燃烧过程中，由燃烧产物燃烧不充分而形成的烟气层也具有较高的温度，如果燃烧是在顶棚高度较小的有限空间内燃烧，能够在很短的时间内形成一定厚度的高温烟气层，烟气层对其下的可燃物也有辐射作用，可燃物接收到的烟气层的辐射热称为烟气辐射热。可燃物接收到的总辐射热流量为火源辐射热与烟气辐射热之和。当总辐射热流量达到物体表面引燃的临界辐射热流量时，物体即被引燃。不过对于大空间建筑，在大空间下的可燃物燃烧时热烟气在浮力羽流的作用下迅速上升，形成的烟气层一般都远高于可燃物所处的位置，因此对于大空间内的不同的防火控制区而言，可燃物所受的总辐射主要来源于火源的辐射热，烟气的辐射热则可以忽略。

美国 NIST 在 FPEtools 技术手册中指出，对于易燃物体引燃能量约为 10kW/m²，对于可燃物引燃能量约为 20kW/m²，对于难燃物引燃能量约为 40kW/m²。

2. 防火分区相对面的最小安全间距

防火分区相对面的最小安全间距需考虑一定的火源热释放速率下，热辐射对邻近防火分区的影响，本部分防火分区内的火源热释放速率按照《建筑防烟排烟系统技术标准》GB 51251—2017 表 4.6.7 "火灾达到稳态时的热释放速率"给出了各类场所的火源热释放速率，参照喷淋失效的情况下商铺发生火灾，由于商铺面向公共区一侧还存在防火构件，通过溢出火羽流和烟气产生热辐射一般较小，本次分析依然保守考虑防火构件完全失效，取 10MW 的火源热释放速率。

按相关公式计算可得间距 R 为 5.15m，即防火分区相对面之间保持 5.15m 的间距，理论上可保证邻近防火分区的安全性，本章保守取 13m 作为防火分区之间的最小间距。

3. 安全间距有效性模拟分析

在建筑一层展览厅设定火灾场景，火灾规模保守取 10MW，模拟分析防火安全距离的有效性，火源位置如图 7-25 所示，模拟结果如图 7-26 所示。

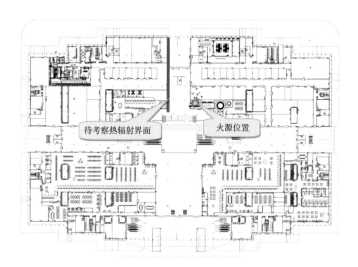

图 7-25 起火点位置及考察热辐射界面

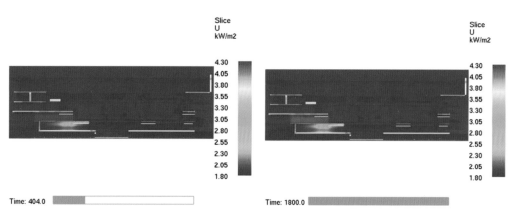

404s 时热辐射分布（临近防火分区相对面切片）1800s 时热辐射分布（临近防火分区相对面切片）

图 7-26 界面热辐射强度分布图

模拟结果表明，火灾设定在防火分区内时，起火点相邻防火分区界面（建筑内最近位置）最高热辐射强度值为 3.55kW/m²，不会达到"容易点燃"的强度值（10kW/m²），即火灾在建筑内不会从一个防火分区通过热辐射蔓延到相邻防火分区，大空间公共区形成的天然安全间距可以防止火灾在各防火分区间蔓延。

7.4.6 烟气蔓延模拟结果

为对东莞市民服务中心项目的消防设计进行分析，本章将运用火灾动力学模拟软件 FDS 第四版模拟计算建筑内火灾时的烟气蔓延特性。

1. 初始条件

（1）环境情况：假设计算区域内环境温度均为25℃。压力为1个标准大气压，计算区域内风速为0m/s；

（2）开口情况：在火灾模拟过程中，保守计算，除防火门关闭外，其余各门均为正常使用情况下的开启状态；

（3）排烟情况：大空间公共区域采用自然排烟，同时选取火灾荷载较大的场景模拟排烟设施开启失效的不利情况；

（4）可燃物选择：在模拟计算时，可燃物的选择不同，对烟气温度的影响不大，但对烟气成分及烟气沉降高度有一定的影响。考虑到分析对象的可燃物构成比较复杂，包括木材、布料、塑料、纤维、泡沫、电线电缆等，难以对所有可燃物都进行模拟计算，为简化计算，本节在模拟计算过程中将火灾荷载（如纺织品、木制品、塑料等）转化为具有同等荷载的木材，由于论证过程中涉及的火灾荷载、火灾场景及疏散场景均较为保守，计算模拟结果用于论证分析是可靠的。

2. 模拟结果

火灾场景A1（图7-27～图7-31）

计算对象：首层中部下沉空间

火灾最大规模：8.0MW

设计火灾类型：非稳态

火灾发展速率：0.0469kW/s^2

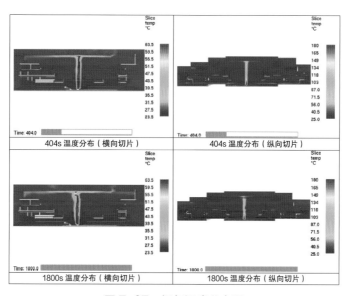

图7-27 烟气温度分布图

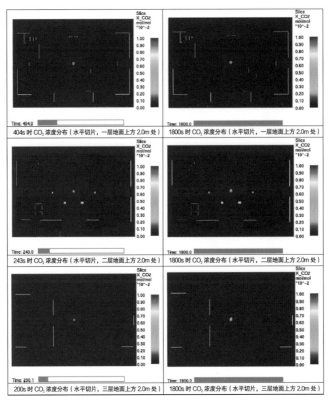

图 7-28　CO_2 的浓度分布图

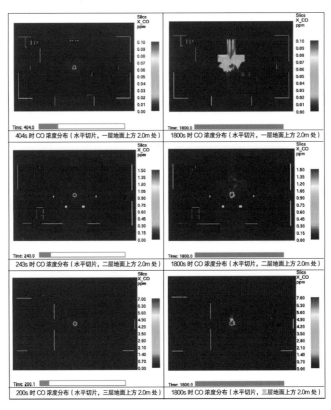

图 7-29　能见度分布图

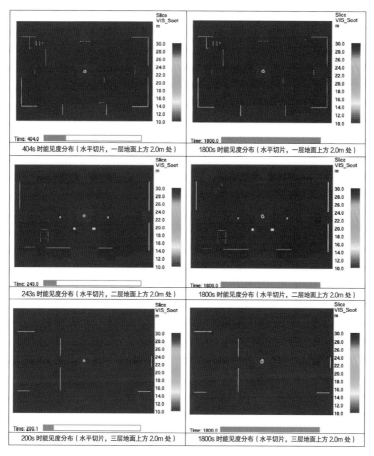

图 7-30　CO 的浓度分布图

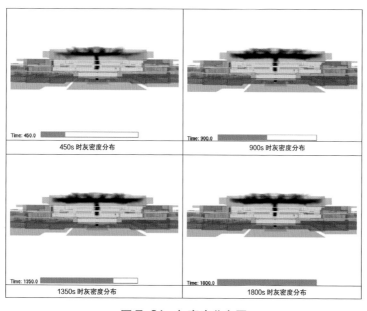

图 7-31　灰密度分布图

7.4.7 疏散模拟计算结果

使用 STEPS 软件来模拟东莞市民服务中心人员的疏散情况，并计算出人员所需要的疏散时间。该部分包括了对疏散模型的介绍、模型参数的确定、模型输出结果等。

采用 STEPS 软件模拟在所有安全出口可用的情况下，建筑内所有人员整体疏散情况。参考政务办公区的人员密度取值，出口通道、走廊、办公楼层取 $9.3m^2/$ 人，其中疏散人数计算采用密度指标法。中心内人员大部分为市民，一部分为工作人员，综合国内外研究和工程实际情况，模型中的人员疏散参数取值如表 7-10 所示，出口流量取 1.5 人 /s。

人员疏散参数取值		表 7-10
人员类型	平面人员自由移动速度（m/s）	体型参数（肩宽 × 体厚 × 身高）（m）
成年男性	1.1	$0.52 \times 0.32 \times 1.75$
成年女性	1.0	$0.46 \times 0.28 \times 1.65$
老人	0.6	$0.48 \times 0.30 \times 1.60$
儿童	0.8	$0.38 \times 0.24 \times 1.00$

实际的报警中存在控制器确认或人为确认火警的过程，基于保守考虑，取火灾报警时间为 60s。疏散行动时间是人员到达最近疏散出口所需的行动时间，主要受步行距离及出口宽度的影响。人员疏散行动时间采用疏散软件进行模拟，考虑疏散过程中的不确定性因素，将对行动时间考虑 1.5 倍的安全系数，以保证火灾中人员疏散的行动时间预留充足。

模拟疏散时间结果					表 7-11
S1	报警时间 T_d（s）	疏散预动作时间 T_{pre}（s）	疏散行动时间 T_t（s）	$T_t \times 1.5$（s）	疏散时间 $RSET$（s）
F3 公共区		60	53	80	200
F2 公共区		90	62	93	243
F1 公共区	60	90	169	254	404
F2 防火分区 3		90	54	81	231
F1 防火分区 4		90	53	80	230
整体		90	193	290	440

$RSET = T_d + T_{pre} + T_t$；$T_d$—火灾报警时间、$T_{pre}$—人员疏散预动时间、$T_t$—人员疏散行动时间

模拟结果如表 7-11 所示，对比 $ASET$ 和 $RSET$ 可知，人员可用的安全疏散时间大于人员需要的安全疏散时间，且具有较大的安全余量，故东莞市民服务中心内具备良

好的安全疏散能力。

7.5 结论和建议

本章针对东莞市民服务中心项目在消防设计中存在的设计难点，根据建筑的使用功能要求及设计的特殊性进行了消防安全策略研究与分析，通过对设计的消防安全性采用定性和定量分析，以保护人员生命安全、减少财产损失等为消防安全目标，通过火灾场景和人员疏散场景的量化对比分析，可以得出以下结论：

（1）对比分析建筑改造前后的内部功能布局的变化情况，改造后建筑内部设置了 4 层功能用房，人员活动最高点的顶板高度不超过 24m，结合规范要求，认为东莞市民服务中心建筑定性为耐火等级为一级的多层公共建筑。

（2）通过对十字公共区域的内部可燃物限制、防火分隔设计、疏散设计、排烟设计、灭火系统设计等提出设计要求和加强措施后，结合火灾场景和人员疏散场景的对比分析，此区域作为人员疏散的临时过渡区能够保证人员的安全疏散需求。

（3）结合建筑内部功能设置的具体情况，结合国内外防火设计规范给出了不同功能区域的人员密度，以确定疏散人数，复核疏散宽度，并以此方法确定的疏散人数作为疏散模拟的导入参数。

（4）通过控制建筑内 4 部疏散楼梯至室外安全区域的直线距离不大于 60m 来控制疏散时间，从火灾场景和人员疏散场景的对比分析，设计方案中建筑内人员通过中部 4 部疏散楼梯经首层公共区疏散至室外安全区域可以满足人员安全疏散的需求。

本章参考文献

[1] 四川法斯特消防安全性能评估有限公司 . 东莞市民服务中心特殊消防设计分析报告 [R]. 2019-4-26.

[2] 彭忠粤 . 东莞市民服务中心今天上午正式全面试运行 [N]. 广州日报，2019-10-9.

[3] GB 50017-2014，建筑设计防火规范 [S].

[4] Standard for Smoke and Heat Venting.ANSI/NFPA 204-2012.

[5] Global S.Building Code of Australia-2008[J].

[6] Standard for Smoke Management Systems in Malls.ANSI/NFPA 92B-2009.

[7] Life Safety Code.ANSI/NFPA 101-2015[S].

[8] Klein R A . SFPE Handbook of Fire Protection Engineering[J]. Fire Safety Journal，1997，29（1）：61-63.

[9] Thompson P A，Marchant E . Testing and application of the computer model 'SIMULEX'[J].

Peter A Thompson Fire Safety Journal，1995，24（2）：149-166.

[10]　张晓明，胡忠日，李风，余毓洋 . 疏散模型的探讨及应用研究 [J]. 消防科学与技术，2007（04）：387-390.

[11]　韩轶，谢飞 . 大型室内步行街防火分区划分安全性分析 [J]. 消防科学与技术，2015，34（1）：62-66.

[12]　BS DD240：1997，Fire Safety Engineering in Buildings[S].

[13]　乔珊珊，高平 . 某大型情境体验剧场消防设计探讨 [C]. 中国消防协会 .2018 中国消防协会科学技术年会论文集 . 中国消防协会：中国消防协会，2018：397-400.

[14]　穆克山 . 故宫地下文物库房特殊消防设计策略研究 [J]. 建设科技，2017（23）：103-106.

[15]　夏泽伟 . 佛山国瑞升平商业中心消防设计研究 [D]. 华南理工大学，2017.

[16]　邹月 . 水上乐园项目特殊消防设计优化方案探讨 [J]. 低温建筑技术，2017，39（11）：154-156.

[17]　颜艳，高平 . 大空间建筑自然排烟有效性实体实验 [J]. 消防科学与技术，2015，34（12）：1583-1587.

[18]　李斌 . 重庆市人员密集公共建筑防火安全设计评价初探 [D]. 重庆大学，2009.

[19]　袁满，李小强，王炯 . 避难层外窗尺寸对自然防烟效果影响的模拟研究 [J]. 消防科学与技术，2018，37（10）：1307-1309.

第8章

节能改造与设计

8.1 节能设计理念

8.1.1 节能工程背景

随着绿色建筑产业的快速发展,高大空间建筑的节能问题越发引起关注。由于高大空间建筑的内部空间布局及功能多样,不同地区气候、室内热环境能耗指标不尽相同,高大空间建筑的节能问题具有一定的复杂性和多样性。分析和解决高大空间建筑的节能问题,特别是针对既有高大空间建筑节能改造技术方向的研究工作的开展已经十分紧迫。

改造前的东莞市民服务中心为东莞国际会展中心,由于原有建筑使用定位为展览、会议等功能,建筑物使用次数少且使用时间短,对节能的要求不高,原有的空调系统、幕墙及屋顶围护能满足原建筑功能基本要求。改造后的东莞市民服务中心定位政务服务、商业及城市会客厅等,日常办公时间较长,存在大量办事市民,对建筑的舒适性及节能要求高,原有的空调系统、幕墙及屋顶围护不能满足现建筑功能要求,亟需升级。

8.1.2 节能改造思路

原会展中心存在如下节能问题:(1)原有空调系统适用于原有大空间区域,如继续于4个工作区域+十字街使用则会导致能耗高等问题;(2)原有幕墙系统吸收热量较大,易导致改造后的服务中心室内温度上升,而需更大功率的供冷设备才能满足;(3)由于十字街的分隔使功能分区用房不利于室内采光,如长时间采用照明设备则导致能耗高。如继续使用原会展中心的空调系统、幕墙及屋顶围护系统,与绿色节能理念不符,空调系统、幕墙及屋顶围护系统亟需进行改造升级。

通过对东莞市民服务中心绿色节能技术改造解决高大空间的环境能耗问题,从建筑的减少消耗能源、重新利用能源等多角度出发,对东莞市民服务中心的空调节能设计、幕墙节能设计、屋面节能设计三方面对东莞市民服务中心节能进行综合性的改造,具体措施如下:(1)采用冷水机及多联机组合,加入节能措施优化空调系统;(2)对幕墙进行改造,增设遮阳格栅及Low-E玻璃,将大部分热量挡在室外,降低吸收热量值;

（3）屋面改造方面，采用 ETFE 薄膜气枕替换原有的压型钢板，充分利用 ETFE 薄膜气枕的采光和隔热功能。以上措施将绿色理念、绿色材料、绿色技术融入东莞市民服务中心，体现东莞市对绿色节能重视程度，并为类似节能改造项目，特别是高大空间节能改造，提供有力借鉴（图 8-1）。

图 8-1 东莞市民服务中心鸟瞰图

8.2 空调节能改造

8.2.1 空调系统设计原则

随着东莞市民服务中心在使用功能上的转换，原来的大空间转变为十字街公共区域 +4 层办公区域，如继续使用原有的空调系统将会导致能耗偏高，原有空调系统仅为定频冷水机系统，不能据房间情况自动提供所需的冷量，能耗较大，亟需对空调系统进行升级改造。改造方案选择变频冷水机组 + 多联机机组，使东莞市民中心空调系统始终处于最佳的节能状态，通过自动控制系统进行无级变速，根据房间情况自动提供所需的冷量，针对不同使用功能区域采用不同冷源，达到节能效果。

由于东莞市民服务中心内部空间布局及使用功能不一，如采取同一种空调供冷方式，则造成供冷效率严重下降，能耗高，故方案设计采用冷源（变频冷水机组 + 多联机机组）方案，针对不同使用功能区域采用冷水机组系统或多联机组系统。

由于办公区域人员较为集中且工作时间固定，一至三层的办公区域及十字街区域采用冷水机组。冷水机组系统由精、专、少的管理队伍负责运营，冷源设备集中管理，可以实现能源的梯级利用，采用大型先进高效的装置，实现高效运行，提高设备利用率。制冷机房设置在室外地下设备房。局部区域采用多联机空调系统。对于其他区域如物业办公室、厨房及 24 小时银行自助服务厅等功能较为零散且使用时间不统一的区域，采用多联机空调系统。

8.2.2 工程概况

改造后东莞市民服务中心建筑的耐火等级为一级，四层建筑，建筑面积约 6.98 万 m²，建筑高度 35.6m。市民服务中心分为 4 大区域及十字街区域，每层的功能如下：

（1）一层（层高 6m）：预留企业形象展示馆、预留联合办公、银行、婚姻登记处、公安区办公区、不动产登记办公区；

（2）二层（层高 6m）：食堂、办公、视频监控中心、IOC 智慧大厅、档案室、建设工程区办公、综合服务办公、税务局、社保局办公；

（3）三层（层高 6m）：办公、会议室、预留办公、IOC 管理中心、指挥中心；

（4）四层（层高 6m）：物业办公室；

（5）室外独立设备房（原有）建筑面积 2561.84m²，地下 1 层，层高 8m，主要功能如下：制冷机房、柴油发电机房、低压配电房、水泵房。

室外气象参数（参照广东省广州市）（表 8-1）：

室外气象参数 表 8-1

| 季节 \ 参数 | 干球温度（℃） | | 湿球温度（℃） | 空调日平均温度（℃） | 室外平均风速（m/s） | 大气压力（hPa） | 最多风向 |
	空调	通风					
夏季	34.2	31.8	27.8	30.7	1.7	100.4	C NNE

其室内的设计参数如表 8-2 所示：

项目各层功能设置情况表 表 8-2

房间功能	设计温度（℃）	相对湿度	人员密度 m²/ 人	照明功率密度 W/m²	新风换气次数（次 /h）	新风量 m³/（人·h）	允许噪声值 dB（A）
办公室	26	60	< 0.2	8	—	30	50
会议	26	60	< 0.2	8	—	20	50
食堂	26	60	< 0.2	8	—	20	55
企业形象展示馆	26	60	< 0.2	8	—	30	55

8.2.3 空调平面布置

改造前的东莞市民服务中心的原有设备房在市民服务中心北面，改造后的市民服务中心保留原有设备机房，将冷源输送至室内。冷水管道通过地下埋管的方式处理（图 8-2），避免管道因受太阳的照晒而老化且地下的温度较为恒定，不影响周边道路。

设备房设置在室外的优点是能够更好地将制冷过程中产生的热量更容易散发出去，同时不影响市民服务中心的周边环境。根据最新冷负荷计算升级冷水机组（图8-3）及多联机系统，选用制冷量为3164kW（900RT）的水冷离心式冷水机组3台。制冷机组制备7℃冷水，回水温度12℃。

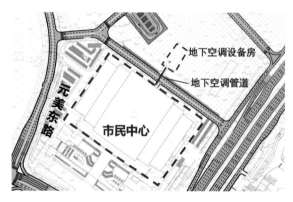

图8-2 设备房平面布置图

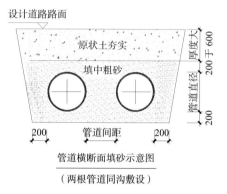

图8-3 地下埋管剖面图

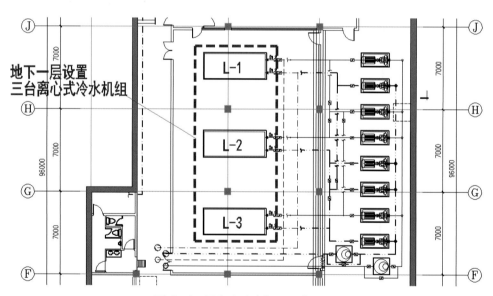

图8-4 设备房冷水机平面布置图

冷水管道布置根据改造后的平面图进行布局（图8-4），设计主要依据冷负荷（表8-3）及工作时间区域进行划分，对于仅在工作时间段使用的区域采用冷水机组。对于24小时区域，为避免多联机冷媒的长距离运输，结合东莞市民服务中心的平面布置，利用室外平台放置多联机的室外机，每层的多联机设置如下（图8-5～图8-8）：

室内负荷计算 表 8-3

名称	空调面积（m²）	冷负荷（kW）	单位冷指标（W/m²）	备注
一层（不含十字街）	13097	2799	214	冷水机组系统（消控室，弱电间，厨房，24 小时区设多联机系统）
二层（不含十字街）	13200	2563	194	
三层（不含十字街）	10000	2281	228	
中庭（一二十字街）	8000	1705.6	213	
总计	44297	9348.6	211	
四层	1550	299.4	193	多联机系统

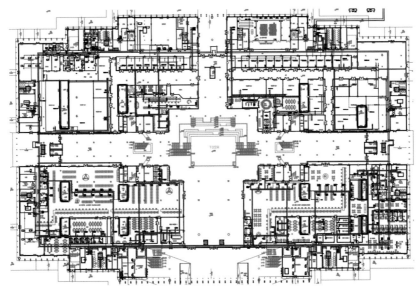

图 8-5 首层空调管道平面布置图（■为冷水机组管道 ■为多联机管道）

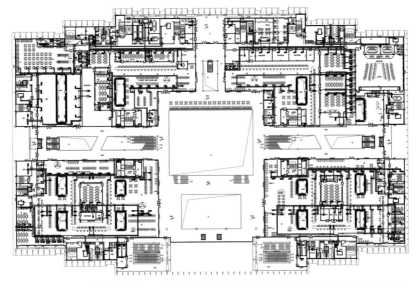

图 8-6 二层空调管道平面布置图（■为冷水机组管道 ■为多联机管道）

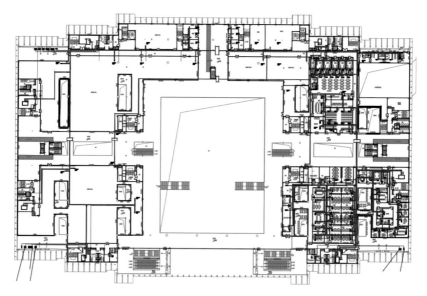

图 8-7　三层空调管道平面布置图（▬ 为冷水机组管道 ▬ 为多联机管道）

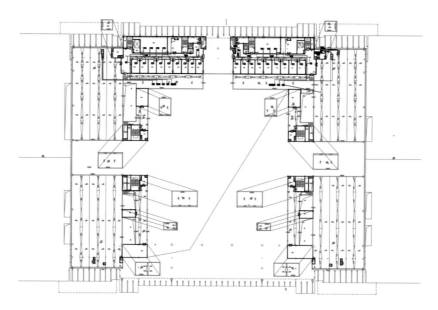

图 8-8　四层空调管道平面布置图（▬ 为冷水机组管道 ▬ 为多联机管道）

（1）地下室设备房设置多联机空调系统，室外机设置在一层室外。

（2）一层银行、24 小时自助服务区设置多联机空调系统，空调面积 930m²，冷负荷 205.2kW，单位面积冷指标 220.6W/m²，室外机设置在四层屋面。

（3）一层厨房设置多联机空调系统，其中操作、加工间空调面积 308m²，冷负荷 55.2kW，单位面积冷指标 179W/m²；烘焙间空调面积 43m²，冷负荷 110kW，室外机设置在三层室外平台。

（4）二层备餐间、碗碟间设置多联机空调系统，空调面积 $110m^2$，冷负荷 14.8kW，单位面积冷指标 $134.5W/m^2$，室外机设置在三层室外平台。

（5）四层物业办公室设置多联机空调系统，空调面积 $1550m^2$，冷负荷 303kW，单位面积冷指标 $195W/m^2$，室外机设置在四层屋面。

（6）消防控制室、电梯机房设置分体空调，弱电间、弱电井、低压配电房、设置多联机空调系统。

8.2.4　冷水机系统及多联机设计

（1）冷水机系统

水冷式冷水机是利用壳管蒸发器使水与冷媒进行热交换，冷媒系统在吸收水中的热负荷，使水降温产生冷水后，通过压缩机的作用将热量带至壳管式冷凝器，由冷媒与水进行热交换，使水吸收热量后通过水管将热量带出外部的冷却塔散失（水冷却），原理如图 8-9 所示。

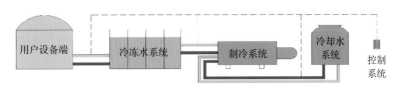

图 8-9　水冷式冷水机工作原理

冷水机组有如下优点：①全自动化控制，配备精密电温控制器，可长期平稳运行。②采用高效传热换热器，冷量损失少，易回油，传热管不致发生冻裂。③高 EER 值，噪声低，运行稳。

为达到高效节能的效果，冷水机系统设计从如下几方面进行优化：

1）冷水机组采用变频离心技术：冷水机组选用制冷量为 3164kW（900RT）的变频离心式冷水机组 3 台（图 8-10）。制冷机组制备 7℃冷水，回水温度 12℃。由于离心式冷水机组的单机制冷量大，结构紧凑，不仅重量轻，而且占地面积较小，加入变频技术的离心式冷水机通过变频器控制和调整压缩机转速的控制系统，使之始终处于最佳的转速状态，自动进行无级变速，它可以根据房间情况自动提供所需的冷量。当室内温度达到期望值后，空调主机则以能够准确保持这一温度的恒定速度运转，实现"不停机运转"，从而保证环境温度的稳定，达到节能的效果。

同时，为解决冷水机长距离输送造成的能源损耗，冷水机组通过在地下室设置分水器分两路进行输送，其中一路送至一、二层，另外一路送至三层，确保送至三层的冷冻水损耗保持在控制范围。

2）冷却塔配用超低噪声方形横流式冷却塔3台，流量750m³/（h/台），温度32℃，回水温度37℃。安装在独立设备房一层地面，并联运行。冷却塔进出水管装电动蝶阀，在制冷机房控制柜设手动控制开关，当任一台冷却塔停止运行时，需同时关闭相应的电动蝶阀（图8-11）。

图 8-10 变频式冷水机组（现场图片）　　图 8-11 方形横流式冷却塔（现场图片）

方形横流式冷却塔采用两侧进风，靠顶部的风机，使空气经由塔两侧的填料，与热水进行介质交换，湿热空气再排向塔外。横流塔入风口大，风速低，阻力损失小，较为节能，同时横流式冷却塔可实现并联使用，节约面积。

3）空调水系统采用多种措施进行节能设计：冷冻水系统采用密闭式机械循环，冷水竖管采用两管制。制冷机组制备冷水汇至分水器，分3路送至各用冷区域，一、二层分为一路，三层一路，中庭十字街一路。一二三层用冷区域管路设计为同程管道系统，中庭十字街设计为异程管道系统。由于十字街区域主要供冷范围在大空间的底部，采取异程管道系统能集中将冷气传递给底部区域，达到节能目的（图8-12）。

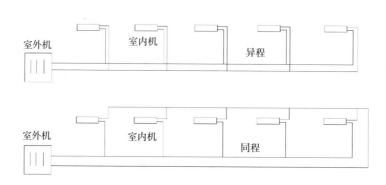

图 8-12 同程管道与异程管道示意图

4）采用系统进行控制优化。①根据系统冷负荷变化，自动或手动控制冷水机组运转台数（包括相应的冷水泵、冷却水泵、冷却塔）。②对供回水压差旁通装置，在供回水总管之间，或制冷机房分水器与集水器之间的连通管上设旁通电动阀及压差控制器，压差控制器对系统的总供水和总回水压差进行系统检测，并根据检测结果对电动阀进行调节控制，进而使供水管与回水管实现旁通，以保持所需要的压差值，实现主机定流量、末端系统变流量运行。③在冷水机组的蒸发器、冷凝器出水管上分别设有水流开关，水流开关与主机连锁。管内水停止流动，或水流量减少到整定值时，主机自动停止或无法启动。④冷却塔出水管装温度传感器。温度传感器与冷却塔风机连接，当出水温度低于设定值时，冷却塔风机自动停止，出水温度高于设定值时，冷却塔风机自动运行。

空调自动控制系统根据供回水总管的温度、流量信号，计算系统的实际空调负荷，并控制冷水机组及其配用的空调水泵的运行台数和运行组合。空调自动控制系统累计每台冷水机组、空调水泵的运行时间，并控制冷水机组和空调水泵均衡运行。

（2）多联机系统

多联机中央空调是用户中央空调的一个类型，俗称"一拖多"，指的是一台室外机通过配管连接两台或两台以上室内机，室外侧采用风冷换热形式、室内侧采用直接蒸发换热形式的一次制冷剂空调系统。多联机系统目前在中小型建筑和部分公共建筑中得到日益广泛的应用。多联机是由制冷压缩机、电子膨胀阀、其他阀体以及系列管路构成的环状管网系统。多联式空调机组具有节约能源、智能化调节和精确的温度控制等诸多优点，而且各个室内机能独立调节，能满足不同空间和不同空调负荷的需求（图 8-13）。

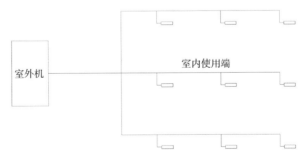

图 8-13 多联机系统原理图

对于东莞市民服务中心，对需要不定时或 24 小时区域运行的房间采用多联机系统，避免长期启动冷水机系统导致能源浪费，实现节能效果，根据室外温度、时间、面积、设备计算多联机功率（表 8-4）。为减少多联机传输冷源的损耗，对多联机摆

多联机负荷计算（以 4001 会议室为例）

表 8-4

设计参数：室外温度 33.7；相对湿度 62.32%；房间面积 139；室内温度 26；相对湿度 60%；室内人数；新风量（m³/h）

建筑物[冷（W）湿（kg/h）]　4001[会议室]

计算时刻	8:00	9:00	10:00	11:00	12:00	13:00	14:00	15:00	16:00	17:00	18:00	19:00	20:00
人体 显热|全热	2980|9052	2980|9052	2980|9052	2980|9052	2980|9052	2980|9052	2980|9052	2980|9052	2980|9052	2980|9052	2980|9052	2980|9052	2980|9052
人体 湿负荷	9.0739	9.0739	9.0739	9.0739	9.0739	9.0739	9.0739	9.0739	9.0739	9.0739	9.0739	9.0739	9.0739
新风[冷] 显热|全热	2016|7579	2016|7579	2016|7579	2016|7579	2016|7579	2016|7579	2016|7579	2016|7579	2016|7579	2016|7579	2016|7579	2016|7579	2016|7579
新风[冷] 湿负荷	7.7345	7.7345	7.7345	7.7345	7.7345	7.7345	7.7345	7.7345	7.7345	7.7345	7.7345	7.7345	7.7345
设备 显热|全热	1175|1175	1175|1175	1175|1175	1175|1175	1175|1175	1175|1175	1175|1175	1175|1175	1175|1175	1175|1175	1175|1175	1175|1175	1175|1175
设备 湿负荷	0	0	0	0	0	0	0	0	0	0	0	0	0
灯光 显热|全热	1529|1529	1529|1529	1529|1529	1529|1529	1529|1529	1529|1529	1529|1529	1529|1529	1529|1529	1529|1529	1529|1529	1529|1529	1529|1529
灯光 湿负荷	0	0	0	0	0	0	0	0	0	0	0	0	0
外窗[东北] 长	18.75												
外窗[东北] 宽(两)	75	75	75	75	75								
外窗[东北] 辐射照度W/m²(直散)	350|94	297|121	174|136	47|146	0|148	0|146	0|136	0|121	0|194	0|164	0|122	0|10	0|10
外窗[东北] 冷负荷	16450	18488	17414	14131	6819	7201	7329	7216	6724	6004	4885	3768	3156
屋面 长	4		4										
屋面 宽(两)			3		139								
屋面 传热负荷温差	13.94	13.13	12.3	11.5	10.78	10.21	9.85	9.76	9.97	10.46	11.22	12.16	13.22
屋面 总辐射照度W/m²	487	706	859	951	980	951	859	706	487	273	67	0	0
屋面 冷负荷	873	822	770	720	675	639	617	611	624	655	702	761	828
*小计[1] 总冷负荷	36656	38644	37518	34185	26828	27174	27280	27161	26682	25993	24921	23863	23318
冷负荷（不含新风）	29077	31065	29939	26606	19249	19595	19701	19582	19103	18414	17342	16285	15739
新风冷负荷	7579	7579	7579	7579	7579	7579	7579	7579	7579	7579	7579	7579	7579
总湿负荷	16.8084	16.8084	16.8084	16.8084	16.8084	16.8084	16.8084	16.8084	16.8084	16.8084	16.8084	16.8084	16.8084
湿负荷（不含新风）	9.0739	9.0739	9.0739	9.0739	9.0739	9.0739	9.0739	9.0739	9.0739	9.0739	9.0739	9.0739	9.0739
新风湿负荷	7.7345	7.7345	7.7345	7.7345	7.7345	7.7345	7.7345	7.7345	7.7345	7.7345	7.7345	7.7345	7.7345
冷指标	264	278	270	246	193	195	196	195	192	187	179	172	168
冷指标（不含新风）	209	223	215	191	138	141	142	141	137	132	125	117	113
新风冷指标	55	55	55	55	55	55	55	55	55	55	55	55	55
总湿指标	0.1209	0.1209	0.1209	0.1209	0.1209	0.1209	0.1209	0.1209	0.1209	0.1209	0.1209	0.1209	0.1209
湿指标（不含新风）	0.0653	0.0653	0.0653	0.0653	0.0653	0.0653	0.0653	0.0653	0.0653	0.0653	0.0653	0.0653	0.0653
新风湿指标	0.0556	0.0556	0.0556	0.0556	0.0556	0.0556	0.0556	0.0556	0.0556	0.0556	0.0556	0.0556	0.0556

放采取在工作楼层设置室外机平台的方式，采用该方法可以提高利用室外平台的效率（图 8-14），同时设置在室外，能加快散开热量，避免进行二次通风。

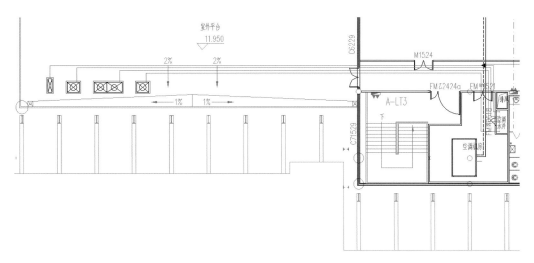

图 8-14　某楼层多联机平面图

8.2.5　空调风系统设计

东莞市民服务中心对空调风系统设计从新风处理的角度出发，采用转轮式热回收机组处理新风，新风通过与排风热交换后经冷却处理后送至室内，排风通过与新风热交换后排出室外，在过渡季节中，当室外空气焓值小于室内空气设计状态的焓值时，采用室外新风为室内降温，减少冷机的开启量，节省能耗。

独立设备房地下室、高压配电室、低压配电室和档案室设独立机械通风系统，通风换气次数为 5 次 /h。各公共卫生间弱电井单设排风系统，卫生间换气次数 12 次 /h。

为更好地控制室内温度，通风系统加设自动控制系统，控制系统由冷暖型比例加积分控制器、装设在（送）回风口的温度传感器及装设在回水管上的比例积分电动二通阀组成。系统运行时，温度控制器把温度传感器所检测的温度与温度控制器设定温度相比较，并根据比较结果输出相应的电压信号，以控制电动二通阀的动作，通过改变水流量，使（送）回风温度保持在所需要的范围。空调机组以回风温度作为控制信号；新风机组以送风温度为控制信号。空气处理机组（新风处理机组）控制按钮设在该层机房内，就地控制，楼宇自动控制系统可以远程监控（图 8-15、图 8-16）。

图 8-15　热回收转轮原理图

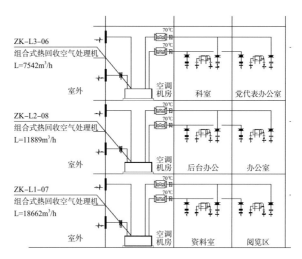

图 8-16 某区域通风系统原理图

8.2.6 其他节能措施与分析

东莞市民服务中心采取多种措施增加其节能效果及环保效果：

（1）节能措施如下：

1）空调冷负荷按逐项逐时冷负荷计算。

2）局部热源就地排除。对厨房、交换机房、各层弱电井等局部产生较大的散热量的房间，热源附近设有局部排风，将设备散热量直接排出室外，防止热量散发到室内，以减少冷负荷。

3）过渡季节，当室外空气焓值小于室内空气设计状态的焓值时，可采用室外新风为室内降温，可减少冷机的开启量，节省能耗。

4）水系统流速设计采用经济流速，主管流速控制在 1.8～2.4m/s。设计均选用水阻合理的设备，阀门，控制系统水阻力，降低水泵能耗。

5）空调补水系统设置补水计量装置。

6）分体空调或多联机空调室外机的进排风口不应被遮挡，为美观而设置的遮蔽百叶应采用水平百叶，且透气率不应小于 80%，增加透气率。

（2）环保措施如下：

1）空调制冷设备中工质的使用：所有离心式冷水机组、螺杆式冷水机组、分体机组等空调制冷设备中工质的使用，禁止使用含 CFC 的制冷剂，减少 HCFC 制冷工质的使用比例，并采用高效节能型环保冷媒以减少对大气臭氧层的破坏。

2）为减少噪声污染，风机、水泵、空调机组、冷水机组均选用高效节能低噪声产品，机组考虑消声、降噪和减振措施，各设备的管道接驳位置采用软管连接，较大通风空调系统设消声装置，以防环境污染，采用超低噪声冷却塔。

3）制冷机房、空气处理机房、新风处理机房四周内壁及顶板做吸声结构处理。

4）所有风管和水管支架设计减振支吊架，穿墙处填充消声材料。

5）厨房机械排风系统，选用带油烟过滤器的排气罩或厨房专用公司提供设备，对厨房操作过程中产生的油烟进行过滤，再经建筑竖井分别排至顶层，并由排风百叶高空排至室外，且厨房排油烟风管需保温，以防对环境影响。

6）水泵设置减振基座。

（3）节能效果分析

在空调系统组合设计及多种措施下，空调节能指标满足现行国家标准《公共建筑节能设计标准》GB 50189（以下简称《标准》）相应指标，如表 8-5 所示。

节能设计指标表 表 8-5

科目名称	控制项目	引用标准或公式	标准数据	本设计数据
离心式水冷冷水机组制冷量为（3164kW＞2110kW）	COP 值	《标准》表 4.2.10	≥ 5.90	6.06
多联式空调制冷量 ≤ 28kW	IPLV（C）	《标准》表 4.2.17	≥ 4.00	5.10
28kW＜ 多联式空调制冷量 ≤ 84kW	IPLV（C）	《标准》表 4.2.17	≥ 3.95	5.10
多联式空调制冷量 ＞84kW	IPLV（C）	《标准》表 4.2.17	≥ 3.80	5.10
空调冷水系统耗电输冷（热）比	EC（H）R 值	$EC(H)R=0.003096 \times \sum(GH/\eta)/\sum Q$	$EC(H)R \leq A(B+\alpha \sum L)/\Delta T$	0.0243
定风量新风系统	单位风量耗功率值	《标准》表 4.3.22 $W_S=P/(3600 \times 0.855\eta)$	≤ 0.27	0.175
普通机械通风系统	单位风量耗功率值	《标准》表 4.3.22 $W_S=P/(3600 \times 0.855\eta)$	≤ 0.27	0.185
一般空调风管	绝热层的热阻	$R=\delta/\lambda$	≥ 0.81（m·K/W）	0.81（m·K/W）

东莞市民中心采用冷水机组＋多联机组系统的方案，对冷水机系统、多联机系统、空调风系统采取复合的节能措施，使东莞市民中心这种高大空间的空调节能问题得到解决，节约能源消耗，提高回收能源效率，促进人、能源及环境三者的和谐。

8.3 幕墙绿色节能改造

8.3.1 幕墙改造工程背景

由于原东莞市国际会展中心的使用功能为展览会议功能，对原有框架式玻璃幕墙（图 8-17）的要求不高，仅需要满足采光要求即可，但随着内部空间功能上转变，3 层办公区域紧贴玻璃幕墙。由于玻璃置于外侧，导致阳光照射至室内，室内温度上升，这样办公区域需要更大功率的供冷才能保持室内温度的平衡，能耗加大，亟需对空调系统进行升级改造。

图 8-17　东莞市民服务中心改造前幕墙示意图

8.3.2　幕墙方案选择

　　玻璃幕墙是现代建筑幕墙施工中的主要应用材料，通过玻璃幕墙的应用，有效地体现了当代经济的发展和城市的建设，而且玻璃幕墙晶莹剔透，美观而且耐热性能非常好，将其应用在建筑工程中能够有效地起到建筑围护结构的节能效果，是当代建筑工程节能的重要体现。

　　为符合国家建筑物的绿色发展要求，如何对本项目中框架式玻璃幕墙进行最小程度地改造，而达到绿色节能的效果，是本改造项目的最大难点。遵循避免大拆大建的原则，同时根据东莞市民服务中心具体实际情况及环境特点，采用新型绿色建筑材料，新工艺及新技术，寻找最佳的节能改造方案。

　　从绿色节能的角度来说，幕墙应具有自然采光功能。通过将日光引至建筑内部，控制好照明和自然采光的协调，保证照明的质量。自然光可以改变光的强度和颜色以及视觉，相比人工照明系统，更加有助于人们的健康。建筑中照明消耗的能源占据总能耗为 40%~50%，由此产生的废热在夏季需要供冷时间段引起的冷负荷增加占据总能耗为 3%~5%，所以设计门窗幕墙系统时，合理利用自然光，对打造绿色节能建筑，有着重要的意义。

　　根据上述情况，本次幕墙节能改造方案选择遮阳格栅 +Low-E 玻璃，保持既有幕墙框架不改变，将玻璃的外置调整为内置，增设遮阳格栅，大大降低室内吸收的热量，同时采用 Low-E 玻璃的方案增强隔热效果及透光性，避免对原有幕墙结构的结构性调整，达到节能效果。

8.3.3　幕墙改造措施

为解决市民中心幕墙节能问题，主要通过以下两方面来解决：

（1）改变幕墙玻璃的安装位置并增设遮阳格栅。在不改变原有幕墙结构（图 8-18）的前提下，将幕墙外置的玻璃改造成内置，保留原有幕墙框架，框架基础上增设铝单板，形成遮阳格栅，避免阳光直射，将热量挡在室外，降低室内制冷的功率，达到节能效果，如图 8-19、图 8-20 所示。

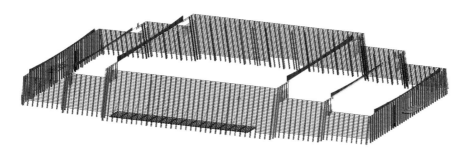

图 8-18　东莞市民中心幕墙框架结构图

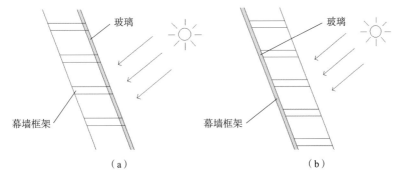

图 8-19　玻璃幕墙改造前后阳光照射图

（a）玻璃幕墙改造前；（b）玻璃幕墙改造后

图 8-20　遮阳格栅现场图

（2）采用低辐射玻璃。对于玻璃的选择（表8-6），应满足以下原则：

1）玻璃幕墙的隔热性能可以加强热量传递的控制，防止高温天气或者强烈的太阳辐射对建筑内部温度产生过大的影响，否则就会加大建筑内部电力设备运行的能耗。

2）玻璃幕墙的保温性能主要针对的是玻璃幕墙作为外围护结构的建筑工程，应用玻璃幕墙可以防止建筑内部大量热量的散失，确保建筑在冬季寒冷的天气中也能保持适宜的温度。

3）热传导系数指的主要是玻璃幕墙在稳定的传热条件下和单位时间内传导的热量。玻璃幕墙通过加强对建筑围护结构两侧热传导的控制可以实现节能环保的目标，所以，热传导系数是评价玻璃幕墙节能环保性的重要指标。

Low-E 玻璃构造参数 表8-6

序号	构造名称	构造编号	传热系数	太阳得热系数	可见光透射比	备注
1	隔热铝合金框 +6mm 中等透光 Low-E 玻璃	61	3.96	0.35	0.550	来源《民用建筑热工设计规范》GB 50176
2	隔热铝合金框 +6mm 中等透光 Low-E 玻璃	18	3.96	0.35	0.550	来源《民用建筑热工设计规范》GB 50176

普通的玻璃达不到节能的效果，会出现通透性较长、保温隔热效果差以及热反射能力较差等问题，为解决此难题，可采用低辐射镀膜玻璃。Low-E 玻璃又称低辐射玻璃（图8-21），是在玻璃表面镀上多层金属或其他化合物组成的膜系产品。其镀膜层具有对可见光高透过及对中远红外线高反射的特性，使其与普通玻璃及传统的建筑用镀膜玻璃相比，具有优异的隔热效果和良好的透光性，大大降低室内空调功率，特别适用于我国的南部地区。Low-E 玻璃有如下优点：①红外线反射率高（可达98%），夏季有效阻止室外烈日及建筑物等发出的热辐射进入室内，具有阻止热辐射直接透过的作用；冬季有效阻

图 8-21 Low-E 玻璃样品图

止室内暖气和其他热辐射流向室外，使室内冬暖夏凉。②低辐射率。玻璃对热的吸收和辐射决定于表面辐射率，辐射率低则吸热少，升温慢，再放出的热量少。③遮阳系数范围广（0.2～0.7），使用不同的 Low-e 膜，不同生产工艺，可以有不同的太阳能透过量，适应不同地区的需要。

8.3.4　幕墙节能改造效果分析

对幕墙进行节能分析，如图 8-22 所示，在水平遮阳方面，考虑遮阳挡板伸出长度及竖向长度，垂直遮阳不考虑，具体参数如表 8-7，计算结果如表 8-8 所示。

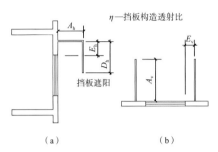

图 8-22　遮阳格栅节能计算简图

（a）水平遮阳；（b）垂直遮阳

挡板遮阳参数　　　　　　　　　　　　　　　　　　　　　　表 8-7

序号	编号	水平挑出 A_h（m）	距离上沿 E_h（m）	垂直挑出 A_v（m）	距离边沿 E_v（m）	挡板高 D_h（m）	挡板透射 η
1	平板遮阳 1100	1.100	0.700	0.000	0.000	0.000	0.000
2	平板遮阳 15600	15.600	0.700	0.000	0.000	0.000	0.000
3	平板遮阳 2600	2.600	0.700	0.000	0.000	0.000	0.000
4	平板遮阳 5000	5.000	0.700	0.000	0.000	0.000	0.000
5	平板遮阳 1750	1.750	0.700	0.000	0.000	0.000	0.000
6	平板遮阳 3200	3.200	0.700	0.000	0.000	0.000	0.000
7	平板遮阳 8800	8.800	0.700	0.000	0.000	0.000	0.000

幕墙热工性能表　　　　　　　　　　　　　　　　　　　　　表 8-8

朝向	立面	面积	传热系数	综合太阳得热系数	窗墙比	标准要求	结论
南向	立面 3	0.00	0.00	0.00	0.00		
北向	立面 4	9641.30	3.96	0.29	0.66	$K \leqslant 4.00$，$SHGC \leqslant 0.44$	满足
东向	立面 1	4688.75	3.96	0.31	0.70	$K \leqslant 4.00$，$SHGC \leqslant 0.44$	满足
西向	立面 2	4938.16	3.96	0.30	0.62	$K \leqslant 4.00$，$SHGC \leqslant 0.44$	满足
综合平均		19268.21	3.96	0.30	0.66		
标准依据	《公共建筑节能设计标准》GB 50189-2015 第 3.4.1 条						
标准要求	单一立面窗墙比大于或等于 0.40 时，外窗传热系数和综合太阳得热系数应满足表 3.4.1-3 的要求						
结论	满足						

通过对既有幕墙的节能改造，大大降低东莞市民服务中心的幕墙吸收的热量，通过内嵌玻璃及采用 Low-E 玻璃材料，利用既有幕墙框架作为玻璃的遮阳格栅，达到减少太阳直射室内的目的，控制总体吸收热量。利用 Low-E 玻璃起到隔热与保温的作用，同时也满足自然光的吸收。计算通过绿建节能的综合权衡，相关热工性能满足要求（图 8-23）。

图 8-23　改造后东莞市民服务中心幕墙图

8.4　屋面节能改造

8.4.1　屋面改造工程背景

改造前的东莞市民服务中心屋面为压型钢板 + 保温隔热棉，原内部空间为无隔断的大空间，利用原来幕墙即可满足采光要求，但改造后内部区域改为四个工作区域 + 十字街区域，十字街区域只能利用照明设备，其能耗大，不经济环保，因此，对东莞市民服务中心屋面进行节能改造，变得十分重要。

8.4.2　屋面改造方案选择

为解决室内采光不足，减少使用照明设备，并减小对东莞市民主体结构影响，从屋面改造着手处理，通过改造屋面系统以达采光要求，屋面改造方案采取 ETFE 薄膜气枕方案，充分利用 ETFE 薄膜气枕的采光和隔热功能，同时不影响屋面的主体结构的布置，仅对压型钢板及保温棉进行替换，较为经济，如图 8-24、图 8-25 所示。

屋面的中间区域采用 ETFE 薄膜气枕方案进行采光及隔热，为满足消防安全，对局部区域采取可熔断的 ETFE 充气膜及天井镂空；考虑到悬挑部分区域日晒热量不传导室内，在屋面悬挑区域保留原有边缘部分装饰铝板屋面，同时原压型钢板出现多处渗漏，维修成本高，使用效果差，统一替换为铝镁锰金属屋面。

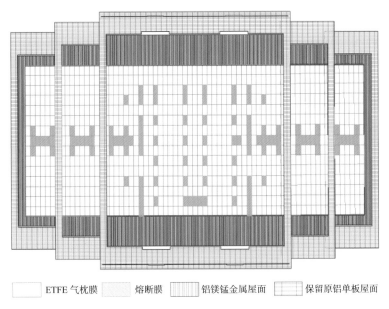

  □ ETFE 气枕膜　 □ 熔断膜　 □ 铝镁锰金属屋面　 □ 保留原铝单板屋面

图 8-24　屋面改造区域范围

图 8-25　屋面改造效果图

气枕部分采用 ETFE 双层两空腔气枕模式（三层膜）。层膜：250um，透光率 51%，透明银色镀点；中层膜：150um，透光率 91%，透明；下层膜：250um，透光率 87%，透明。膜材的断裂强度不应低于 55MPa、断裂伸长率不低于 500%、撕裂强度不低于 400MPa。

8.4.3 屋面改造措施

屋面改造采用的膜材料为乙烯 - 四氟乙烯共聚物，简称 ETFE，ETFE 是最强韧的氟塑料，它在保持了 PTFE 良好的耐热、耐化学性能和电绝缘性能的同时，耐辐射和机械性能有很大程度的改善，拉伸强度可达到 50MPa，接近聚四氟乙烯的 2 倍。

屋面的改造主要通过 ETFE 膜这种特殊的材料来实现采光及保温功能：

（1）ETFE 膜气枕具有较强采光特性。ETFE 膜材料和玻璃的透光光谱基本一致，紫外线穿透率高，可见光的透光率 >95%。可通过表面印制遮光膜和改变膜厚度来调节与控制光线和紫外线透过率，其透光率可控制在 50% ~ 96% 之间。同时膜面光洁，抗灰尘和污迹的侵蚀，在雨水中具有很好的自洁性（图 8-26）。

（2）ETFE 膜气枕具有较强的保温隔热能力。这是因为每个气枕即是一层或多层封闭的气囊，气囊中封闭的空气使其隔热保温性能随着空气层厚度的增加而增加，同时与玻璃温室相似，由透光性能良好的气枕围合的空间也同样产生温室效应。但不同的是，气枕系统可以利用自身的特殊构造，方便而精确地调节透光量，将遮阳设计复合在气枕中。其原理是采用 3 层膜面形成两个独立的气囊（图 8-27），通过调节两个气囊的充气量，控制一层膜面上镀银花纹相对另外两层膜面的开合，达到调节透光量的目的。因此，以 ETFE 气枕系统围合的空间，冬季可以吸收、透射阳光并获取热量，用以补充建筑取暖的要求，降低能源消耗，夏季 ETFE 气枕系统则转化成一套遮阳系统，避免温室效应。由气枕围合的封闭空间通过设置可开启的通风窗孔，来组织室内自然通风，大大减少了夏季空调制冷所带来的能源消耗。

图 8-26 ETFE 透光效果图

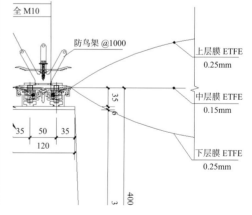

图 8-27 ETFE 膜剖面示意图

通过 ETFE 三层膜（两空腔）气枕传热系数计算书得出气枕的综合传热系数计算

结果为：1.575（计算式如式 8-1 所示）。

$$U = \cfrac{1}{\cfrac{1}{U_e} + \sum \cfrac{d_i}{k_i} + R_a + \cfrac{1}{U_i}}$$

$$= \cfrac{1}{\cfrac{1}{6.1} + \cfrac{0.00025}{0.05} + 0.15 + \cfrac{0.001}{0.05} + 0.15 + \cfrac{0.00025}{0.05} + \cfrac{1}{6.3}} \qquad (8\text{-}1)$$

$$= 1.575 \left(K/(W/(m^2 \cdot K)) \right)$$

其中　$U_e = K_e$—膜外表面涂层传热系数，取 6.1W/（m² · K）；

$\quad\quad U_i = K_i$—膜内表面涂层传热系数，取 6.3W/（m² · K）；

$\quad\quad\quad d_i$—第 i 层膜材料厚度（m）；

$\quad\quad\quad k_i$—第 i 层膜材料导热系数 W/（m² · K），乙烯 - 四氟乙烯取 0.05；

$\quad\quad\quad R_a$—空气层热阻（（m² · K）/ m²），取值 0.15（（m² · K）/ m²）。

8.5　小结

本章以东莞市民服务中心节能改造为例，介绍东莞市民服务中心改造中的节能设计理念，通过空调节能改造、幕墙绿色节能改造及屋面节能改造三大方面体现绿色节能的理念，并作如下总结：

（1）对空调节能系统进行节能改造，根据内部布局及房间功能进行划分，选择冷水机组空调系统或多联机组，对于办公区域人员较为集中且工作时间固定的区域，可采用冷水机组方案,对于功能较为零散且使用时间不统一的区域,采用多联机空调系统。对于空调风系统根据实际情况采用同程或异程的管道系统，新风系统可采用热回收措施以达到节能的目的。

（2）对于幕墙的节能改造，利用既有幕墙的框架结构，在框架基础上增设铝单板，形成遮阳格栅，避免阳光直射，将热量挡在室外。同时采用新材料，达到隔热及高透光率，达到节能目的。

（3）对于屋面的改造，采用 ETFE 薄膜气枕方案，改善由于内部空间布局改变导致的光线不足问题，同时 ETFE 薄膜气枕方案具有隔热的功能，也可以形成一套遮阳系统，避免室内温室效应。

本章参考文献

[1]　吴佳艳 . 夏冬冷地区高大空间空调的绿色节能技术研究 [D]. 东华大学，2012.

[2]　李燕 . 离心式冷水机组变频调速的节能效果研究 [J]. 科技与企业，2015（3）: 190-191.

[3]　曹晓梅.浅析暖通空调制冷系统中的环保节能技术[J].建材与装饰，2019（32）: 232-233.

[4]　陈良.建筑门窗及玻璃幕墙的节能策略[J].四川建材，2019，45（11）: 13-14.

[5]　潘玉钗.绿色节能技术在旧建筑改造中的运用——以某图书馆节能改造为例[J].住宅与房地产，2019（15）: 205+214.

[6]　张英.ETFE膜结构在建筑中的应用[J].新型建筑材料，2019，46（1）: 138-141.

[7]　赵兵，陈务军，胡建辉，董石麟.ETFE气枕结构成形设计方法与试验[J].哈尔滨工业大学学报，2016，48（6）: 58-63.

[8]　梁荣海，黄婵娟.建筑门窗幕墙中的绿色节能技术研究[J].低碳世界，2019，9（12）: 133-134.

[9]　狄成.论述建筑幕墙的节能设计[J].居舍，2019（34）: 101.

[10]　李金峰，周丽.建筑节能中遮阳技术的分析与研究[J].洁净与空调技术，2019（4）: 79-81.

[11]　张海.玻璃幕墙的节能环保技术进展研究[J].建材与装饰，2018（26）: 45.

第9章

景观园林改造

9.1 景观园林改造理念

原东莞国际展览中心的配套广场为空旷单一的场所，不满足改造后市民服务中心的功能与美观要求。原广场存在如下具体问题：（1）功能定位与规划设计不满足市民服务中心的定位及需求；（2）未体现城市展示功能；（3）缺乏市民休憩娱乐场地。为更好服务周边百姓，提升百姓生活舒适感、幸福感及东莞的形象，对原景观园林进行改造。

作为东莞城市会客厅、市民服务新地标，东莞市民服务中心兼具城市展示功能。以简洁现代、地方特色作为核心设计理念，改造后的东莞市服务中心的景观园林改造延续原有建筑的风格，设计以现代简约风格为主要风格基调，通过序列性、层次感、变化性的植物空间营造，为市民营造一个都市活力、舒适休闲的城市环境。为解决附属广场的问题，从以下几方面对市民服务中心进行着手：（1）以本土香樟作为主要植物对广场进行布局，凸显东莞本土特色；（2）改造过程中引入"莞编""玉兰花"等概念使其与主体建筑取得形式逻辑上的呼应，提升东莞形象；（3）加入趣味运动及互动设施提升市民的舒适感、幸福感。

本项目景观园林的改造重点为南广场，改造后的南广场，通过新的空间划分与功能设计，着重体现时尚、休闲、人文、浪漫的气息。这里将不仅是中心区高楼大厦中开阔透风的"气场"，也是观赏东莞大道与鸿福路交叉口"灯光秀"的绝佳观景点。工作下班后可作为附近办公区域的休息地点，晚上可欣赏璀璨的灯光秀，感受城市生活的无限美好（图9-1）。

9.2 场地现状分析及设计思路

原东莞国际展览中心的配套广场为空旷单一的场所，仅作为东莞国际展览中心的配套停车场使用，广场周边东侧及西侧有局部绿化（图9-2）。

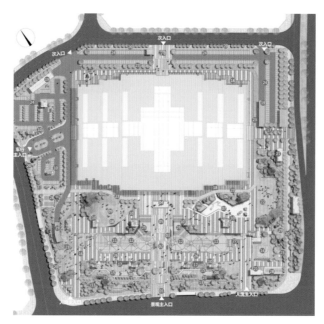

图 9-1 东莞市民服务景观布景图

图 9-2 市民服务中心景观园林改造前平面图

周边的建筑景观有市政府中心广场，其北部为政务广场，南部为文化广场，强调中轴对称，空间尺度大，结合大面积水体作为对景；绿地公园大面积绿地休闲公园，北临商业街区，东南角路径连通本项目广场；第一国际：城市 CBD 综合商业地块，人流量大，现代建筑风格，康帝国际酒店、第一国际海德广场北邻本项目广场；国贸中心：民盈国贸中心，新商业办公综合体，现代时尚风格、年轻消费群体多，办公塔楼在建，西邻本项目广场（图 9-3）。

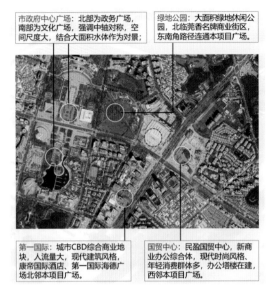

市政府中心广场：北部为政务广场，南部为文化广场，强调中轴对称，空间尺度大，结合大面积水体作为对景；

绿地公园：大面积绿地休闲公园，北临莞香名牌商业街区，东南角路径连通本项目广场。

第一国际：城市CBD综合商业地块，人流量大，现代建筑风格，康帝国际酒店、第一国际海德广场北邻本项目广场。

国贸中心：民盈国贸中心，新商业办公综合体，现代时尚风格，年轻消费群体多，办公塔楼在建，西邻本项目广场。

图 9-3　市民服务中心周边环境情况

东莞地理位置特殊，位于大湾区核心区域，是著名的制造名城，自然特色与人文特色浓厚，自然特色有水、岭、田；人文特色有千年莞编、千年莞香、制造之都等。

千年莞编方面，莞草编织技艺已有 2000 多年历史；东莞因盛产莞草又在省城广州东面而得名，具有深厚人文历史内涵，可分水草类、草绳类、草辫类、绳席类、辫席类、草席类；

千年莞香，唐代莞香由国外传入；因东莞一带的土质特别适合莞香树的生长，出产的香料品质最好，莞香一度成为皇家贡品。2015 年莞香实施地理标志产品保护。

制造之都，改革开放引进外资、劳动密集的来料加工让区位独特的东莞成为名副其实的世界工厂；当前东莞的传统制造业正向创新驱动的高科技智造转型。

改造后的东莞市民服务中心为与周边衔接并体现差异化，同时体现东莞城市特色。为此，东莞市民服务中心根据东莞的自然特色及人文特色对广场的景观园林进行升级改造，其目标有：

（1）印象东莞，从生产生活、历史沿革、本土自然资源挖掘东莞城市文化内涵，浓缩城市印记，打造城市形象窗口；

（2）生态东莞，整合场地资源，解决场地问题，建构有机生长空间格局，促进生态与文化、功能共融；

（3）品质东莞协调城市建设，优化服务配套，提升景观品质，关爱特殊群体，展示城市品质景观。

为实现以上三个目标，在东莞市民服务中心景观园林改造过程中，采用以下目标推进策略，尊重地域特征，提炼本土设计元素，提升场地品质，展示城市文化形象。

为体现政务服务、人性空间、商业悠闲、地域特色及现代风格特色，将原有的大空间改为每一个小空间，大景观转变为小景观，保持现代风的文化元素，定位休闲人群、政务人群及消费人群，具有商业和休憩体验。在空旷平坦的广场设置下沉商业空间，形成内聚空间，中部下沉内聚，结合中部草坪和低矮植被从而营造开敞活泼的游览空间，对次外围结合错落的高大乔木从而实现道路隔声和衬托建筑物，外围望过去错落有趣（图9-4）。

对市民服务中心广场进行空间结构推演（图9-5），第一步只考虑建筑物＋空旷平坦的广场，第二步考虑在南广场设置下沉广场用作商业空间或与市民服务中心地下连接，第三步考虑在外围利用植被减弱交通噪声，解决建筑物与乔木的高差问题，第四步，引入莞编的概念及工业化模数概念，第五步对景观场地结构进行划分，进行细化。

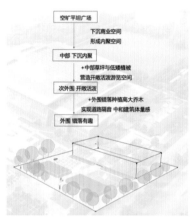

图9-4 东莞市民服务中心景观思路

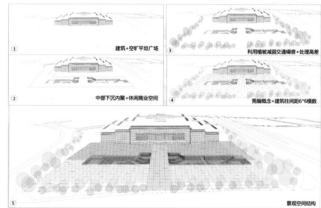

图9-5 东莞市民服务中心景观空间结构推演图

9.3 景观场地关系分析

人性化、人本理念是园林景观与建筑共同的内涵，虽然各自的关注点不同，但都要为人们服务，达到新时代绿色环境城市建设的要求。城市建设中园林景观设计与建筑规划，具有融合的基础，打造出富有生命力的城市环境。

园林景观与公共建筑的融合是城市建设的重要组成，实现园林景观设计与公共建筑规划的融合，在公共建筑规划中为园林景观设计预留出充足的空间，展现出园林景观的艺术感和本土文化感等，优化城市市容市貌，体现东莞人文精神，同时绿色设计为居民构造优良的休憩与活动的公共空间。

东莞市民服务中心项目东边为东莞大道，南边接鸿福路，西边接元美东路，北边为会展酒店，三边皆为道路，噪声大、尾气多、空气差等，故需要林荫休闲空间调节周边环境，同时将南边作为整个项目的形象展示区，同时打造出一条中心景观轴，项目中心位置作为中心景观区，如图 9-6、图 9-7 所示。

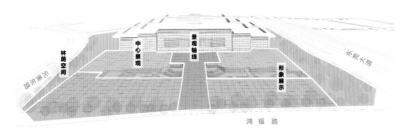

图 9-6　东莞市民服务景观布景图

图 9-7　场地布置图

为体现上述精神，东莞市民服务中景观园林对广场作如下区域划分：林荫空间、中轴空间、形象展示空间、中心空间等。通过不同区域展现东莞形象、为居民构造优良的环境。

（1）林荫空间，如图 9-8 所示，以降低噪声、美化环境、增加绿量为目的，故在东、西两侧种植大量植物，一方面增加遮阴、散步等功能，另一方面还可以净化空气、降低噪声。同时设置多层次的绿化空间及公共广场，提供人员休憩及娱乐。

图 9-8　林荫空间分布图

基于广场东侧区域现有的铺装石材大部分完好，且颜色以芝麻黑和芝麻灰为主，与广场当前景观设计整体铺装色调相匹配，为节约建造成本，完整保留使用该区域铺装材料，仅进行局部破损修缮和铺装样式调整。广场东侧区域的植物组团现状形态良好，为节约建设成本，该区域植物组团考虑大部分保留（图9-9）。

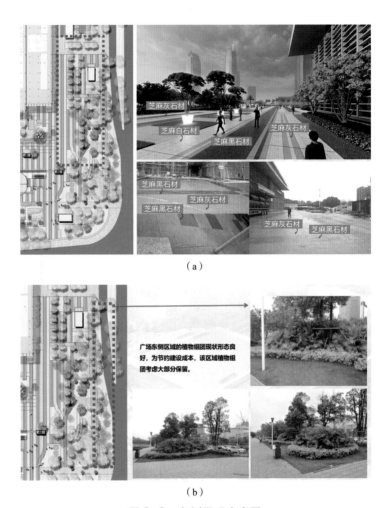

（a）

（b）

图9-9　东侧景观方案图

（a）东侧区域保留原有石材；（b）东侧区域保留原有绿化

广场西侧区域地面改为汽车通行路面，在尽量保持原有路基情况下，为节约建设成本，在原有植物团保留的情况下，引入多头香樟、小叶紫薇、丛生大腹木棉、小叶榄仁、红花鸡蛋花、四季桂、珊瑚刺桐、多花紫花风铃木等植物，为停车场增添色彩（图9-10、图9-11）。

（2）中轴空间，如图9-12、图9-13所示，以景观主轴打开整个市民服务中心，把场地中各个重要景点进行串联，给市民以视觉上的引导，以景观轴线向两边进行渗透，

图 9-10　西侧景观方案平面图

图 9-11　西侧景观效果图

从而使建筑与景观交相辉映、相辅相成。通过下沉广场两侧的玉兰花拉膜结构对人的视觉引导，吸引来访人员进入市民服务中心进行业务办理。

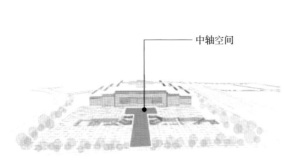

图 9-12　中轴空间分布图

图 9-13　中轴空间现场图

（3）形象展示空间，如图 9-14、图 9-15 所示，以东莞文化为主题，以莞编元素为肌理，演绎东莞城市发展的历史、现状与未来，在多元化的空间组合中变化，展现出城市发展的活力和精神面貌，在形象展示空间中种植高大乔木以提升形象，并配套设施作为市民休憩场所。

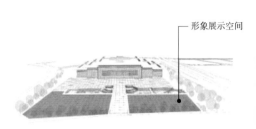 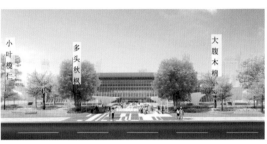

图 9-14　形象展示空间分布图　　　　　图 9-15　形象展示效果图

（4）中心空间，如图 9-16、图 9-17 所示，中心通过对水、岭、田的地貌特征元素提取，组合成多个特色景观节点，在平面上丰富多样，立面上层次变化，形成不同高度上的景观视觉效果，构成了多层次的开放空间，利用玉兰花冉冉上升的曲线，预示东莞市即将在大湾区中脱颖而出，生机勃勃。

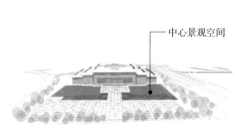 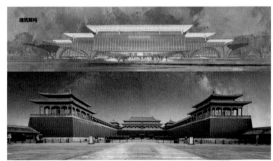

图 9-16　中心景观空间分布图　　　　　图 9-17　中心景观空间构思图

9.4　景观园林布置特色

　　绿化总体是以简洁的手法，以种植常绿树为主，以增加场地的绿量，软化广场的生硬，骨架树以本土香樟为主，樟韵融情，以贴合市民服务中心的主题。适当点缀开花繁盛植物、景观大树，总体营造简洁大气、生态宜人的植物景观。香樟树形雄伟壮观，四季常绿，树冠开展，枝叶繁茂，浓荫覆地，枝叶秀丽而有香气，是作为行道树、庭荫树、风景林、防风林和隔音林带的优良树种。香樟对氯气、二氧化碳、氟等有毒气体的抗性较强，也是工厂绿化的好材料。香樟的枝叶破裂散发香气，对蚊、虫有一定的驱除作用，生长季节病虫害少，又是重要的环保树种。有很强的吸烟滞尘、涵养水源、固土防沙和美化环境的能力，香樟冠大荫浓，树姿雄伟，是城市绿化优良树种。

对于植物的选择，为了东莞市民服务中心广场可以在不同季节中体现出各个季节的特色，展现"红粉的春天"的温馨、"紫白的夏天"的清爽、"金黄的秋天"的华丽、"翠绿的冬天"的生机，根据不同月份采用不同的植物进行点缀，如春天设置木棉、朱槿、红花羊蹄甲等；夏天设置紫云藤、鸡蛋花、木芙蓉；秋天设置铁刀木、桂花、腊肠树、垂叶榕等；冬天设置高山榕、金钱榕、大王椰子、细叶结缕草等。

为秉承打造高规格园林广场的设计理念，植物设计在配合景观布置的基础上，采用多种开花繁盛、色彩丰富、造型美观、树形高大的植物，通过规则和自然相结合的手法，并且应用高质量的苗木，快速地呈现出天际线和林缘线的丰富植物品相，营造四季有景，处处有景，绿色生态，大气有品质的植物景观。同时以四大植物策略定调（图 9-18）：

（a）　　　　　　　　　　　　（b）

（c）　　　　　　　　　　　　（d）

图 9-18　四大植物策略图

（a）统一基调；（b）寓以文化；（c）点缀浓荫；（d）增添花色

（1）统一基调，绿化总体以现代简洁的手法，种植常绿树为主，营造简洁大气的景观空间。

（2）寓以文化，以香樟为主要骨架树种，樟韵融情，贴合市民服务中心文化主题，赋予美好祝愿。

（3）点缀浓萌，适当种植高大的景观大树，增加林荫空间和遮阴面积，营造生态宜人的植物景观氛围。

（4）增添花色，通过融入观花、彩叶植物，适当点缀开花繁盛植物，丰富整体景观的色彩变化。

具体设计内容为：以香樟为骨架树种，如图 9-19 所示，既达到四季常绿的效果，营造樟韵融情，又表达了市民服务中心为民服务的意旨。搭配树形挺拔美观的南洋楹、小叶榄仁，营造丰富的天际线；设计多种开花繁盛的植物，分别为春季的主要有黄花风铃木、紫花风铃木，夏季开花的主要有凤凰木，秋季开花的主要有桂花，冬季的主要有大腹木棉、勒杜鹃，营造四季有花的热闹气氛；重点入口地方则以丛生的高大树种秋枫、大腹木棉、香樟等点景，或点缀精致的枯山水景观，营造有品质的迎宾景观。针对原有展览中心的植物，本次景观园林改造对原有植物进行最大程度的保留，减少不必要的浪费。

图 9-19　绿色植物效果图

9.5　景观园林特色布置

9.5.1　源于"莞编"的底板铺装

广场整体铺装形式灵感源自东莞非遗"莞编"的肌理，呼应东莞城市历史文化，同时延续市民服务中心建筑立面的线条和简洁现代的风格；黑白灰的素雅底色，更好地融合与衬托广场上的主体建筑和各色景观。

东莞之名缘于莞草，莞编（莞草编织，图9-20）为东莞首批非物质文化遗产之一，广东省第二批非物质文化遗产之一，具有深厚的人文历史内涵。

莞编概念在景观设计上用于三个方面（图9-21）：（1）平面生成；（2）竖向生成；（3）铺地设计。

（1）平面生成：抽取莞编作为平面生成概念，提炼出"网格、错落"等关键词，以6m×6m（原会展建筑柱间距模数、宜人活动空间模数）为基础单元格，通过构形推演出交通路线，以方块为基本形态推演不同的空间组成，推敲广场平面结构。

（2）在平面格网构形的基础上，通过推拉变形，营造丰富的竖向空间。

（3）在6m×6m整体构形的基础上，采用更小单元如0.5m×0.5m网格进行局部铺地设计。

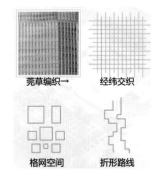

图9-20 "莞编"概念示意图

同时广场中轴两侧各设置有一组中英文对照的镂空刻字钢板（图9-22），每组有5块900mm×1200mm的钢板呈南北纵向分布，夜晚时候镂空文字可以发光；东侧钢板主要体现东莞的历史名片，名称分别是"源起莞编""莞香千年""近代开篇""改革当先""制造名城"；西侧钢板主要体现东莞的生活经典，名称分别是"龙舟竞渡""东莞体育""麒麟乐舞""莞邑美食""精巧手工"，两组钢板刻字内容形成整体化的东莞特色历史人文系列。

图9-21 "莞编"概念的平面图

图9-22 人文刻字钢板

9.5.2 六朵标志性"玉兰花"广场绽放

市民服务中心地处CBD核心区域，两条轨道交通在此交汇，周边高密度的商业环绕，区位特征明显，广场及遮阳构筑物应具备明显的标识性。遮阳构筑物应具有优美的形态和合适的尺度，与主体建筑取得形式逻辑上的呼应，具备可观赏性。同时南广场作为"城市客厅",是市民户外活动的重要场所,遮阳构筑物应具有良好的寓意,让广大市民朋友们喜闻乐见。

为此,景观改造设计理念中将6朵玉兰花设置在南广场中轴两旁,玉兰花作为东莞的市花,在"客厅"里摆放"鲜花",表达了对市民朋友们的友好和欢迎。由花的原型,经抽象和优化后形成的自由曲线形态的造型,源于花而高于花,具有美学上的审美价值(图9-23、图9-24)。

图9-23 "玉兰花"拉膜结构的效果图   图9-24 "玉兰花"拉膜结构的效果图

构筑物造型应具备标志性和象征性,六朵张拉膜结构的"玉兰花",从广场负一层升起,盛开在广场上空的核心位置,线条简洁优美,富有浪漫的艺术气息。白天天晴,"六朵玉兰花"可以为大家带来阴凉,雨天又能给大家避雨,同时还可以自动收集雨水,夜晚则变成五光十色的花朵,成为核心区灯光秀的又一个亮点。

六个花朵造型的遮阳棚横向展开与主体建筑相呼应,并起到人流引导的作用,成为场地的视觉焦点(广场不再设置其他大体量构筑物)。主体建筑简洁稳重,遮阳棚飘逸灵动,可随视角变化形成不同的曲面形态,与建筑及广场的硬朗线条形成刚柔并济的视觉效果。

广场下沉空间命名为"莞香花语谷"(图9-25、图9-26),与上部花朵造型遮阳棚呼应,商业室内及广场根据不同日期设置不同的香氛体验,从嗅觉维度呼应莞香与花香的概念。

图9-25 "玉兰花"拉膜结构的效果图   图9-26 "玉兰花"拉膜结构的现场图

9.5.3 趣味运动与互动设施

东莞市民服务中心设置多个趣味活动及互动设施，为东莞市民提供一个亲子互动、休憩娱乐、园林观赏的好景点。

（1）露天投屏广场，利用屋檐的遮阳结构，可在晚上播放视屏，打造有趣的露天视屏广场，汇聚人气。

（2）荧光跑道慢跑道（图 9-27），以"精彩东莞，乐享运动"为主题，让群众不论白天夜晚都可以在慢跑道上感受运动的活力与趣味，着力打造东莞众人打卡的高人气网红跑道，并配上智能饮水桩，提供饮水及充电服务。

图 9-27 荧光慢跑跑道

（3）艺术主题投影画廊（图 9-28），广场南侧的东西向条带铺装，通过设置十个室外高清投影灯，夜晚在铺装面上投影出主题化与系列化的东莞地方特色艺术作品图案，打造"映画星光大道"，成为定期呈现不同艺术作品的地面"画廊"。

图 9-28 艺术主题投影画廊

（4）灯光涌泉水景（图9-29、图9-30），广场的东北区域设置有灯光喷泉和折线形式的涌泉，满足人们的亲水习性，使其成为儿童戏水的高人气场所，为广场空间增添灵动景观。

图9-29　灯光涌泉水景效果图　　　　图9-30　灯光涌泉水景实况图

（5）广场上设置篮球场、自行车道等趣味运动设施（图9-31、图9-32），以多样化的方式提升广场的互动性和趣味性。

 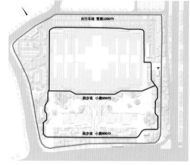

图9-31　运动设施图　　　　　　图9-32　跑道及自行车道布置图

9.6　小结

本章通过对东莞市民服务中心的景观园林改造，景观功能由原有的会展功能转变为行政办公功能、市民休憩的功能、城市展示功能。在景观改造过程中，结合东莞市民服务中心现状进行实地考察，结合现有情况及本土地域文化进行系统的景观设计，由此作出以下总结：

（1）景观园林改造应遵循功能化原则，对于景观改造过程需要根据东莞行政办公功能改造，以现代简约风格为主要风格基调，同时延续市民服务中心建筑立面的线条和简洁现代的风格，营造具有序列性、层次感、变化性的植物空间，为市民营造一个都市活力、舒适休闲的城市环境。

（2）景观园林改造应遵循本土化原则，景观设计时要以当地的文化为主，才能体现当地特色，吸引游客，通过采用本土的特色植物及特产概念，如香樟、莞编、玉兰花，体现东莞当地特色及历史文化。

（3）景观园林改造应遵循亲民便民原则，东莞市服务中心位于城市核心区位置，通过设置多个运动及互动设施，将行政办公、地下商业、休憩、亲子互动等功能结合起来，营造一个都市活力、舒适休闲的城市环境。

图 9-33 市民服务中心全景图

本章参考文献

[1] 赵慰明 . 关于滨海景观设计的思考 [J/OL]. 河南建材，2020（1）：121-122.

[2] 王伟湘 . 彩叶植物在园林景观中的应用 [J]. 现代园艺，2019，42（23）：98-99.

[3] 赵志峰 . 园林景观设计与公共建筑规划的融合 [J]. 智能建筑与智慧城市，2020（2）：37-39.

第10章
交通组织设计

10.1 交通设计理念

    东莞市服务中心位于东莞大道和鸿福路的交汇处北侧，东南侧临近国贸大厦及鸿福路地铁站，西南侧临近东莞康帝国际酒店，西北侧临近中心公园及东莞会展国际酒店（图 10-1）。改造后的东莞市民服务中心日接待量约可达 2 万人次 / 天，投入使用后对周边道路影响较大。市民服务中心投入运营后将存在如下交通问题：（1）东莞市民服务中心位于交通繁忙的东莞市中心区域，周边写字楼及商业广场密集，交通流量大；（2）周边道路缺乏有效衔接，交通不能有效疏解；（3）周边公交系统缺乏联系，没有与附近交通系统有效融合；（4）与邻近鸿福路地铁站无有效衔接，尚未实现地上与地下人流疏导及分流。如何解决市民服务中心交通组织问题相当迫切。

图 10-1　东莞市民服务中心鸟瞰图

    为解决上述问题，从机动车交通疏导、公共交通系统、人行 / 非机动车通行等方面，对东莞市民服务中心的交通组织科学合理安排，主要思路如下：（1）设计不同使用功能停车位用于疏导车流；（2）同时倡导公交先导的理念，增设公交站场及公交站；

（3）将下沉广场与鸿福路地铁车站连通，方便市民直接从地铁进入建筑内部；（4）晚上开放停车位提供给周边商圈使用，缓解周边地段停车难的问题。

10.2　交通现状

10.2.1　周边车流分析

对东莞市民服务中心进行周边交通统计调查，在项目地块周边的 5 个交通路口进行方向及流量统计，如图 10-2、图 10-3 所示。并对东莞市民服务中心与东南西北衔接进行分析。

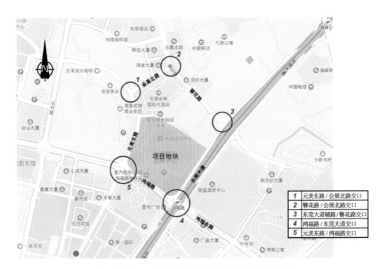

图 10-2　东莞市民中心统计点分布图

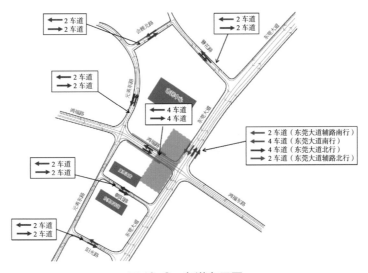

图 10-3　车道布局图

根据综合交通规划的交通调查，居民一日出行有 2 个显著的高峰且峰值明显，分别是早高峰（7：30～8：30）和晚高峰（17：00～18：00），早、晚高峰占全天出行总量的比值分别为 17% 和 11% 左右。其中，上班、上学出行是形成早高峰的主要原因，占到早高峰出行的 70% 以上。以回家为目的的出行则是形成晚高峰的主要原因，在晚高峰出行中，回家目的出行占到 88% 以上。

鸿福路为东莞东西走向交通主干道，现状为路双向 8 车道，采用中央护栏分隔带形式，鸿福路负担着内外交通流转换的功能，是东莞商务区域交通流转向莞太路、东莞大道重要的交通转换通道。

东莞大道为东莞市南北向交通干线性主干道，南接广深高速（东莞出口），北接东城中路，东莞大道承担着大量、快速的内外交通转换的交通流。东莞大道双向主线 8 车道，辅道 2 车道，采用中央绿化分隔带形式，由于东莞大道承担着城市交通内部转换以及过境交通内外转换的双重压力，因此东莞大道现状交通需求量大，从而导致交通压力大。

元美路为东莞城区南北向交通主干道，元美路北接鸿福路，南接三元路，现状的元美东路双向 4 车道，采用中心双黄线分隔形式。

由车流量分布图（图 10-4）可以看出，车流量主要集中在鸿福路段及东莞大道这两条主干道上，车流量大，道路较为拥挤，影响行人穿越，上午及下午的流量高峰差别不大。由于民盈国贸中心的车行出入口位于鸿福东路东行方向的行车线附近，不在市民中心的旁边，不会对项目造成交通影响。

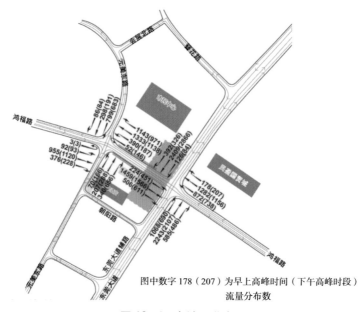

图中数字 178（207）为早上高峰时间（下午高峰时段）流量分布数

图 10-4　车流量分布图

　　同时东莞市民服务中心位于市区核心地带，东临大型购物商场民盈国贸中心及台商大厦等，南临康帝国际酒店及第一国际等人流量较集中区域。根据评估报告，投入使用后的东莞市民服务中心人流量超过 2 万人次 / 天，如不进行交通组织设计优化，则会加重该区域的人流及交通问题。

　　受购物时间特性的影响，节假日及晚上的时间段为附近购物中心的停车高峰集中期，商场周边缺乏大型停车场配套，车位需求压力较大，停车位的不足导致停车的车辆无法在道路疏导，导致拥堵加剧，特别是鸿福路及东莞大道流量大的道路更甚。

10.2.2　出行方式及意向分析

　　本次交通组织设计出行方式进行分类，出行有轨道交通、常规公交、私人小汽车、出租车、非机动车、步行 6 种方式。活动区域性质有商业、办公、酒店、公寓 4 大类功能，各种功能建筑的出行特点不同，需分别考虑。

　　不同交通方式的适用特征如下：

　　（1）选择轨道交通出行的人群主要是商业、办公的上下班人群，以工薪阶层为主，出行距离较长或分布在其他轨道站周边；

　　（2）选择常规公交出行的人群主要是商业、办公的上下班人群，以工薪阶层为主，出行距离较短或分布在相对较近的区域；

　　（3）选择私人小汽车出行的人群主要是商业购物、办公上下班、公寓上下班的人群，收入相对较高，分布区域不确定；

　　（4）选择出租车出行的人群主要是酒店或商业，以及部分办公人员，收入不确定，出行距离不确定；

　　（5）选择非机动车出行的人群主要是各功能建筑的后勤人员，以及部分自行车爱好者或周边居住人群；

　　（6）选择步行出行方式的人群，主要是周边居住人员，以及项目内部居住人员。

　　综合考虑周边用地布局，各种功能建筑的出行意向如下：

　　（1）商业出行轨道、常规公交、小汽车并重，部分为步行，出租车及非机动车较少。

　　（2）办公出行小汽车为主，常规公交、轨道次之，部分为步行，其他非常少；

　　（3）酒店以出租车为主，轨道、常规公交次之，机动车、步行出行非常少；

　　（4）公寓以小汽车和步行为主，其他非常少。

　　由于东莞的汽车保有量突破 300 万，成为全国第 11 个汽车保有量突破 300 万的城市。结合东莞市民服务中心及周边，该区域主要为商业、办公以及少数酒店，其日常出行方式选择如下，69% 的选择小汽车，14% 乘公交或地铁，10% 的骑自行车，7% 的步行。机动化交通以小汽车为主导，因公交发展相对滞后，道路交通运行压力持续增长，东莞市交通出行以小汽车为主导的现状在短时间内难以改变。

10.2.3 周边交通情况

由于交通阻隔原因，东莞市民服务中心与周边衔接缺乏有效联系，图 10-5 为市民服务中心与周边衔接情况：（1）北面的 1.5 级开发用地尚未启用，暂缺乏联系；（2）东面道路较宽、车流较大，与民盈中心衔接有阻碍，行人穿越不便；（3）西面与市民公园衔接，有大量行人穿越的需求；（4）南面鸿福路，道路较宽，车流较大，与康帝国际酒店衔接有阻碍，行人穿越不便。

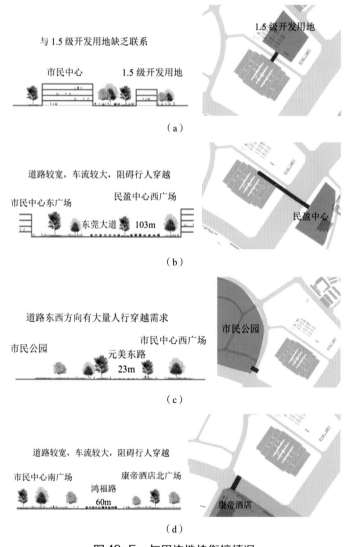

图 10-5　与周边地块衔接情况

（a）北面交通衔接情况（与 1.5 级开发用地衔接）；（b）东面交通衔接情况（与民盈中心衔接）；
（c）西面交通衔接情况（与市民公园衔接）；（d）南面交通衔接情况（与康帝酒店衔接）

10.3 交通组织优化

为解决上述东莞市民服务中心在投入使用后的交通问题，同时考虑利用市民服务中心的下沉广场与邻近鸿福路地铁站的衔接，完成地下广场＋城市轨道交通的衔接，改善周边交通组织，倡导公交先导的理念。本章从周边道路机动车疏导安排、公交系统安排、地上及地下行人安排三个角度对东莞市民服务中心进行组织优化。

10.3.1 周边道路机动车交通疏导安排

本区域的道路网建设基本成型，新建道路的难度较大。由于交通流量较大，路网交通服务水平较低，且近期轨道交通施工导致路网通行能力下降，道路服务水平进一步下降。为改善本区域的交通现状，对该区域交通进行研究，周边道路机动车疏导优化如下：设置不同类型停车场、优化路由红绿灯及道路方向、停车位的错峰提供等避免不同类型的车流相互交叉，减少影响。

（1）设置不同类型停车场

同时对停车场进行优化，并根据以下原则进行：

1）停车场分区规划原则：停车场规模大，有必要对停车库做分区，每个分区用不同的字母和颜色区别，增加办事市民的印象，方便办事市民取车的便捷性。

2）分级引导原则：建立四级停车诱导系统，实现从城市道路→出入口→停车区→停车位有效的交通引导。减少车辆、乘客在停车场内绕行和迂回找车位，提高停车场使用效率。

3）流量匹配，分区引导原则：分析每个出入口的分担能力，匹配相应的流量，优化出入口的功能及分担区，提升出入口通行效率。

4）主通道原则：强化主通道，提升可达性，整合标识，打造多元多维标识体系，强化引导，优化路径，提升利用率和周转率。

5）交通渠化原则：充分考虑不同交通目的、不同车种的机动车交通的行走路线，最大限度减少混流、场内绕行、冲突与交叉。

通过对周边机动车的疏导及入口安排，实现不同来访目的的车流进行分流处理，避免交叉影响，提高交通运行效率。

东侧：在东侧设置服务车辆及专车的停车入口，同时设置卸货区。

南侧：由于鸿福路车流量较大，避免南侧主干道停车拥堵，东莞市民服务中心南侧不设置停车场入口，南侧主要做行人入口。

西侧：在西侧设置办事与参观人员的停车入口（停车位 132 个），同时预留私家车

：大型公共建筑改造、扩建技术研究与应用——东莞市民服务中心

车位和临时车位，落客处正对西门，缩短人群行走距离，能尽快达到市民中心。

北侧：在北侧马路拓宽为 4 线市政路为后续 1.5 级用地准备，并设置工作人员停车入口（停车位 145 个），可将参观和办事人员车流分开。改变北侧地下坡道的位置，留出足够缓冲空间给车辆回转以及避免堵塞。

分区管理将整个停车场划分为若干个停车场单元，每个单元可实现经济高效的管理且独立运行。通过对出入口，通道连接点等重要节点进行控制，实现每个管控单元可独立运行和多个管控单元的联合运行，在停车需求不大的情况下仅开放部分停车管控单元，减少管理成本；高峰期开放全部停车管控单元，根据疏散需要开放停车管控单元之间的连接节点，快速疏散车流。

通过上述安排，将东莞市民中心的车辆进出口进行优化，优化出入口附近的停车布局，减少停取车对进出口车流的干扰，提升出入口通行效率，增加停车位数量。避免在较大流量的鸿福路及东莞大道停车，引导车辆在元美东路及 1.5 级 4 线市政路进入东莞市民服务中心，提高交通运行效率。同时设置不同类型的停车场，避免进出车辆交叉影响。

（2）合理安排地块周边机动车路线，疏解道路堵塞压力

根据交通流量图，东莞大道及鸿福路车流量较大，应对其进行适当引导，分析每个出入口的分担能力，匹配相应的流量，优化出入口的功能及分担区，提升出入口通行效率。需要拓宽其道路线，对西面元美东路拓一线（图 10-6），北面增设 4 线（图 10-7）的市政路并提供出租车停靠点，同时新建与北面公交站的道路。通过对西面元美东路及北面的增设 4 线市政路，能有效局部分担东莞大道及鸿福路的局部压力，引导车流量进入该区域，减少鸿福路及东莞大道交汇处的交通流量，降低鸿福路及东莞大道交汇处的交通压力。

从图 10-8、图 10-9 可知，由于东莞市民服务中心的功能性及对周边道路的线路扩展，虽然项目停车场会产生或吸引每小时每 100m^2 65 至 140 辆小客车当量数的车流，

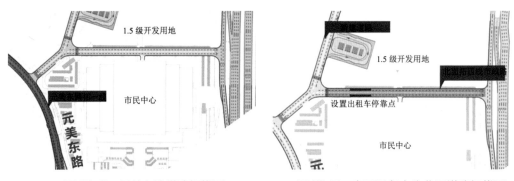

图 10-6　元美东路道路拓线图　　　　图 10-7　市民服务中心北面道路拓线图

但由于车流来自不同方向，仅在东莞大道南行右转道、东莞大道北行左转道、鸿福路西行右转道、鸿福路东行左转道、元美东路北行直行道及右转道增加局部流量，整体而言，项目停车场产生或吸引的车流对项目周边的路口没有太大的负面影响。

针对区域"微循环"受阻等问题，积极探索实施交通组织和管理新手段，设置潮汐车道、交叉口可变车道、直行待行区、单向交通等（图 10-10）。

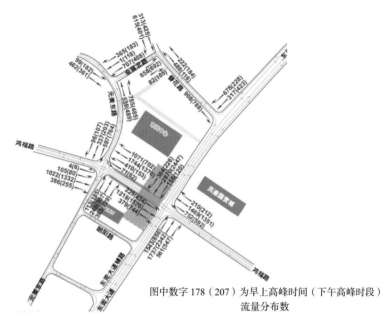

图中数字 178（207）为早上高峰时间（下午高峰时段）
流量分布数

图 10-8　2020 年周边道路预测流量（未考虑市民中心停车场）

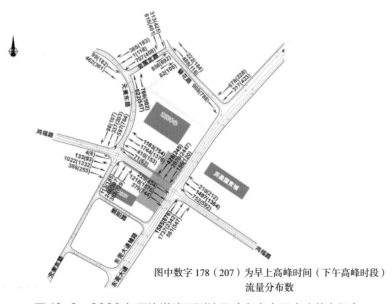

图中数字 178（207）为早上高峰时间（下午高峰时段）
流量分布数

图 10-9　2020 年周边道路预测流量（考虑市民中心停车场）

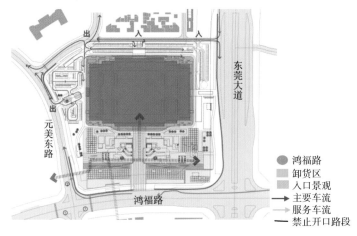

图 10-10　机动车交通疏导图

（3）优化交叉口红绿灯

道路交叉口处红绿灯的优化主要从东莞大道与鸿福路交汇处以及鸿福路与元美东路交汇处着手（图 10-11、图 10-12），通过改变交通灯运作方案次序，禁止部分路段的左转或减少行人过路段的方式来改善该两个交叉口的红绿灯行车时间，以减少堵塞问题。

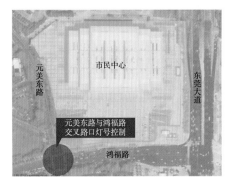

图 10-11　元美东路与鸿福路交叉口示意图

图 10-12　东莞大道与鸿福路交叉路口示意图

根据路口交通的流量大小对交通灯循环时间实施优化方案，避免流量大的道路等待时间过长，加快对道路进行疏导。

对元美东路进行分析，现场考察所得的两个交叉口的交通灯运作方案次序，认为可通过改变交通灯运作方案次序，禁止部分路段的左转或减少行人过路段的方式来改善该两个交叉口主要车路的绿灯行车时间，以减少堵塞问题。

现时路口交通灯运作方案（图 10-13）为 160 秒 / 每个小时共有 22 个循环，修改后的方案（图 10-14）在保持循环时间不变的情况下，减少行人的等待，使得双向行人能同时过马路，达到高效目的。

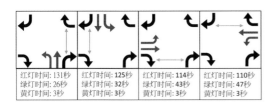

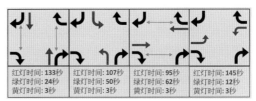

图 10-13　元美东路与鸿福路交汇处
现状交通灯运作方案

图 10-14　元美东路与鸿福路交汇处
现状交通灯优化方案

对鸿福路与东莞大道交汇处进行分析，与元美东路思路一致，现场考察所得的两个交口的交通灯运作方案次序，认为可通过改变交通灯运作方案次序，禁止部分路段的左转或减少行人过路段的方式来改善该两东莞大道交叉口主要车路的绿灯行车时间，以减少堵塞问题。

现时的交通灯循环时间为 233 秒 / 每小时 15 循环，建议方案（未实行）保持原有循环时间布标，同样将左转及直行进行分开处理，使车道及行人的等待时间缩短（图 10-15、图 10-16）。

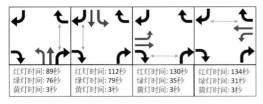

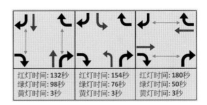

图 10-15　鸿福路与东莞大道交汇处
现状交通灯运作方案

图 10-16　鸿福路与东莞大道交汇处
现状交通灯优化方案

（4）停车位的错峰提供

东莞市民服务中心在白天正常工作时，外来及工作车辆进场，晚上闭馆时，外来及工作车辆集中离场。为应对行政服务中心这种特点，可充分利用夜间空闲的停车位，可在一定时间段内，大量的某一类车进车库停放，一定的时间段内另一类车停放。这样的车库在组织车流时有鲜明的特点，在工作时间绝大多数车行道供停车用，晚上和节假日等停车位需求量较大期间，市民服务中心可在非工作期间提供停车位，实现错峰停车位供应，周边停车起到缓冲作用，大大缓解周边停车的压力，提供给周边商圈及办公建筑使用，将大部分车辆吸引至市民服务中心，减少其他区域的停车聚集，解决周边地段停车难的问题。

10.3.2 公交系统优化

纵观发达城市治理交通拥堵的经验，发展城市公共交通是缓解城市交通拥堵的有效方法，提升服务质量是提升公交分担率的关键。东莞可以通过开设出租车、地铁、轻轨等多元化的公交方式，构筑各种方式之间的无缝衔接，解决居民公交最后一公里的问题，消除公交服务盲点，提高公交服务效率，始终以提升服务质量为目标完善东莞城市公共交通，倡导公交先行理念。

相关研究表明，交通基础设施对城市居民出行方式的选择有着很大的影响。城市路网的完善程度、公共交通设施、停车设施、车道类型等基础设施都会对居民的出行产生影响。当道路通畅时，人们更倾向于选择速度较快的私家车或出租车与轨道进行接驳，同样地，当轨道站点片区内的道路发生拥堵时，人们更愿意选择步行或自行车交通到达轨道站点。

东莞市民服务中心以公交优先，提升片区公交服务品质为原则，对公交系统进行进一步的优化，从增设公交车站点及公交站场方面、引导使用地铁交通进行考虑。

（1）倡导公交先行理念

针对东莞市民选择公交出行率偏低的问题，应大力发展公交方式，对东莞市服务中心的公交优化措施如下：

1）优化公交停靠站，提高公交服务范围，如图10-17所示。市民服务中心南广场公交站往东侧调整，并设1处分站台。市民服务中心东广场公交站往南侧调整，改造

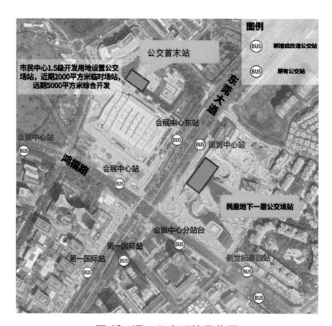

图 10-17　公交系统优化图

为港湾式公交停靠站。东莞大道增加 1 对港湾式公交停靠站（图 10-18）。

图 10-18　港湾式公交站点图

2）推荐公交站场建设，推进 2 处公交场站建设，提升公交服务水平。推进 2 处公交场站建设，提升公交服务水平，在市民中心北侧地块设置临时公交场站，远期综合开发，针对原有民盈地下一层公交站的最小转弯半径不满足实际要求，对其进行路径优化（图 10-19、图 10-20）。

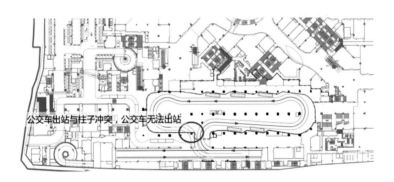

图 10-19　民盈地下一层原有公交场站图

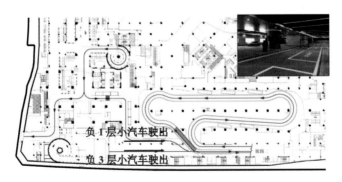

图 10-20　民盈地下一层公交场站优化图

3）通过对增加公交站场及公交站的方式，倡导公交出行、环保出行理念，大大提高来东莞市民服务中心选择公共交通工具的意愿，减少机动车辆出行，也大大减少车辆的拥堵情况。

（2）积极引导使用地铁公共设施

增设地下的下沉广场与地铁1号线的地下衔接，积极引导来访群众选择地铁出行方式，减少相互干扰。通过地下衔接方案，减少地面的人流滞留，提高周边道路有限空间的资源有效利用效率（图10-21）。其具体措施如下：

图 10-21　行人地下慢行体系总图

1）加强与轨道公司协调，优化调整鸿福路地铁站安检设施位置，构筑独立完善的人行地下过街系统；

2）推进市民中心—海德广场地下人行过街通道建设，与一号线同步实施。在与地铁连接的交通组织方面，为了保证步行空间的系统性和舒适性，对道路、人行道以及广场进行整改。增设地下通道将下沉广场与地铁连接，实现来访人员直接进入市民服务中心。由于车站与商业设施一体化综合开发而形成的建筑综合体，乘客能够通过连接通道出入口直接进入商业空间，下沉广场与周边商业建筑相连，使得人流能够不受地面交通干扰，形成连续的步行商业空间。车站周边主要是商业用地，通过轨道与商业结合的一体化开发，增加市民的舒适性及提高市民选择地铁的积极性，推进中心广场站—鸿福站地下商业街建设，最终激发市民服务中心及周边地下商业街整体的活力，最后提高来访人员选择地铁出行的意愿，绿色出行。

10.3.3　地上及地下行人及非机动车优化

东莞市民服务中心以人行优先原则，对行人及非机动车建立地上、地下慢行系统。

（1）对于地上人行系统，主要通过东莞市民服务中心南侧广场及西侧来访车辆入口对行人进行疏导，为解决西侧及北侧的衔接问题，设置斑马线过道引导人流，如图10-22所示。通过对市民服务中心的四个方向进行有效衔接，避免绕道和长距离行走，同时未来规划人行天桥，减少人流与车辆的影响，最大限度地实现人车分离，提升接送空间与效率。

对临近市民服务中心的流量较大的鸿福路及东莞大道，行人很难有充足时间过街，应考虑布设行人过街信号灯、设置行人过街按钮或设置感应式过街探头等其他措施保障行人有足够的时间过街，加强与周边地块的衔接；若机动车交通量和慢行交通量都特别大，超过交叉口的通行能力时，远期规划天桥及地下通道方便出行（图10-23）。

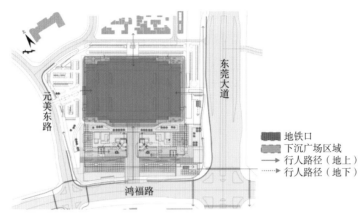

图 10-22　地上行人疏导图

（2）对于地下通道，借助于鸿福路地铁站，东莞市民服务中心下沉广场加设地下通道与鸿福路地铁站的衔接，短期解决东南方向鸿福路及东莞大道衔接问题，同时推进市民服务中心下沉广场—鸿福站地下商业街建设，如图 10-24 所示。地下通道与下沉广场连接，通过下沉广场可直接到达市民服务中心内部，实现地上与地下人流疏导，有效实现分流，同时引导行人经过下沉广场商业中心部分，增加商业区域人流。

图 10-23　远期规划天桥优化图

图 10-24　东南方向地下行人疏导图

　　慢行交通与轨道交通的有效接驳是确保客流快速集散的有力保障，做好两者的衔接工作主要从改善慢行接驳环境的角度出发，对人行道和自行车道、路段过街设施、交叉口渠化、停车设施和配套设施进行合理规划和设计。

　　对非机动车也设置地上及地下交通系统，通过阶梯搭配坡道的形式，让自行车顺利下到地下，可以与地下停车，商业相补充。

　　对人行道和自行车道进行合理的设计，保证其具有足够的出行空间，同时过街设施、交叉口渠化、停车设施和配套设施的设计等各个方面都应对慢行交通进行考虑。

同时轨道站点周边自行车的乱停乱放严重影响慢行出行者出行的舒适性和连续性，为解决这个问题，在轨道站点周边自行车停车需求大的地方建立自行车停车场，自行车停车场的设置根据停车需求等情况综合考虑。

10.3.4　周边衔接优化

根据现有市民服务中心与周边的交通衔接情况，对东莞市民服务中心与周边衔接缺乏有效联系的情况进行优化，其具体优化如下（图10-25）：（1）北面的1.5级开发用地采用连廊或地面进行连接（规划中）；（2）东面道路较宽、车流较大，规划采用新建天桥解决衔接问题；（3）西面与市民公园衔接，将同未来东莞1号线修建地铁时新

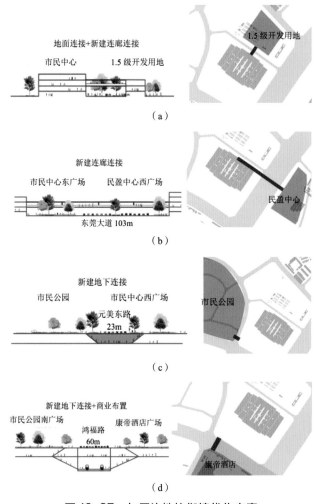

图 10-25　与周边地块衔接优化方案

（a）北面交通衔接优化方案（与1.5级开发用地衔接）；（b）东面交通衔接优化方案（与民盈中心衔接）；
（c）西面交通衔接优化方案（与市民公园衔接）；（d）南面交通衔接优化方案（与康帝酒店衔接）

建地下连接，以解决行人问题；（4）南面鸿福路同西面思路一致，利用同未来东莞1号线修建地铁时新建地下连接，以解决行人问题。

10.4　小结

本章通过对东莞市民服务中心的交通组织设计优化，对周边机动车道、公交系统及地上地下人行/非机动车道进行组织优化，最大化减少车流拥堵现象，以公交先行为原则，增设公交站场及公交站点，同时利用地铁站，东莞市民服务中心下沉广场加设地下通道与鸿福路地铁站的衔接，解决鸿福路及东莞大道衔接问题，最大程度协调人流及车流的相互影响，提升该片区的交通通行能力。

对机动车的车流遵循宜疏不宜堵的原则，根据车流量分区域设置出入口及停车区。避免在车流量大的区域设置出入口（如鸿福路段及东莞大道段），应根据不同类型的来访车辆类型设置不同功能的停车场，分级应道，避免不同类型的车辆交叉影响，造成不必要的拥堵。同时根据车流量对道路进行评估，根据评估结果对市政道路进行拓展。

对公交优化遵循公交先行的原则，通过加设公交站场及公交站台的数量，增大来访人员搭乘公交的意愿，减少驱车意愿，以减少市民服务中心建成后给该片区交通带来影响，提高道路资源的利用效率。

对于行人及非机动车采取人车分流，借助鸿福路地铁站与市民服务中心的南侧及东侧进行连接，同时强化引导，优化路径，提升利用率。

本章参考文献

[1]　孙红霞.北京荟聚商场大型停车场交通组织优化设计[J].交通与运输，2019，35（06）：18-20.

[2]　杨琳，殷涛.大型商业广场停车系统改善设计案例分析[J].浙江交通职业技术学院学报，2008（01）：75-78.

[3]　薛峥，王玉，赵珂.中心城区大型医院周边交通组织优化探讨[J].市政技术，2019，37（05）：51-54.

[4]　曾春欣.东莞市交通拥堵问题及对策研究[D].华中师范大学，2018.

[5]　东莞市国贸中心交通影响评价[R].东莞市新兰德城市规划技术服务中心，2012.

[6]　孙红霞.北京荟聚商场大型停车场交通组织优化设计[J].交通与运输，2019，35（06）：18-20.

[7]　左绍祥.慢行交通与城市轨道交通接驳行为选择与优化研究[D].长安大学，2019.

第 11 章
复杂环境基础工程施工

11.1 复杂环境概况

11.1.1 基础工程概况

"东莞市民服务中心项目"是在原东莞市会展中心主体结构的基础上进行的功能性改造的扩改建工程，由于综合开发利用空间的需要，室内新建四层钢结构楼层和下沉广场、室外新建 1～2 层地下室，为连接新建下沉广场和室外地下室，室外地下室和地铁鸿福路站，对应的修建三条连接通道，其对应的基础工程是"东莞市民服务中心项目"重要组成部分，本基础工程分为室内和室外部分，室内基础工程范围面积为 27983m²，室外基础工程范围面积为 27192.3m²。项目基础工程分为基坑、基础两种类型，基础又分为桩基础和独立基础。项目涉及的基础工程主要有下沉广场及连接通道基坑（图 11-1）和室内新建桩基（图 11-2），室外新建地下室基坑、室外地下室与地铁 2 号线连接通道基坑（图 11-1）以及桩基础和独立基础（图 11-2）。本基础工程具有如下特点和施工难点：

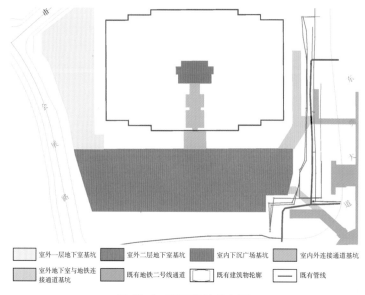

图 11-1 项目基坑分布图

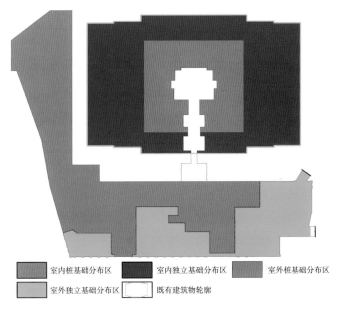

室内桩基础分布区　　室内独立基础分布区　　室外桩基础分布区

室外独立基础分布区　　既有建筑物轮廓

图 11-2　项目桩基础和独立基础分布图

（1）室内新建四层钢结构楼层需新建桩基作为下部受力结构，但由于室内高度和建筑进出口大小的限制，对施工设备的选择有所制约，施工设备的合理选型和室内桩基施工是项目的难点之一；

（2）室内下沉广场基坑，由于施工空间以及可进入设备大小的限制，对基坑支护方式和施工的设备需谨慎选型；

（3）新建室外地下室由于所处的环境周边复杂，临近主要道路，周边管线密布，桩基和独立基础分布区域大，涉及的管线改迁、变形控制问题多，需合理选择基坑支护的形式和桩基、独立基础施工工艺；

（4）室内外新建地下空间连接通道基坑需要穿越既有建筑原有基础梁，为保护既有建筑物的安全性，要对原有基础梁进行加固保护，需要选择合理的基坑支护和原有基础梁的加固方案；

（5）新建室外地下室和东莞 2 号线鸿福路站地铁站连接通道有两条，两条通道基坑所处环境管线密布，多条管线横跨基坑，涉及管线改迁和原位保护较多，基坑通道和新建地下室、地铁车站的连接方式以及原有地铁车站墙板破除方案都需要合理的选择；

（6）项目包含的基坑、桩基、独立基础工程量大，类型多样，为保障基础工程在规定时间内按时按质的完成，需要合理安排施工顺序和编制施工组织设计。

本基础工程工程量大，环境条件较复杂，周边管网密布，基坑支护型式、桩基和独立基础类型多样，施工环境复杂，施工难点多，环境影响控制严格，对施工技术、组织及管理各环节能力要求高。

11.1.2 基础工程施工

1. 施工顺序

本项目基础工程分为基坑支护、基础两部分内容,其中基础包括桩基础和独立基础。按区域类别可分为室内、室外及连接地铁通道三个区域。基坑、基础类型不一,周边环境复杂,合理地安排好各区域的施工顺序将能加快施工效率。

通过研究各区域基础工程的特点和周边环境,确定本项目的施工顺序。室内基础工程,由于施工设备体积的限制,只有大门可进出施工设备,考虑到大门处为室内新建下沉广场和室外新建地下室的连接通道。第一步,先进行室内桩基础及独立基础施工,施工完毕后,接着施工室内下沉广场和连接通道基坑,接着施工下沉广场和通道结构,待结构达到强度要求后,回填室内部分基坑;第二步,施工室外新建地下室基坑,并实现室内外连接通道和室外基坑的贯通,接着施工桩基础,最后施工独立基础;第三步,待室外地下室结构达到强度要求,回填室外新建地下室基坑后,施工新建地下室出入口及与地铁连接通道基坑。

以上基础工程施工顺序,充分考虑各基础工程区域施工条件、施工的安全经济性、施工工期紧等特点,通过工程的实施,最终按质按量完成了整个基础工程的施工。

2. 基础施工

本项目基础分为室内和室外两部分,包括桩基础和独立基础,由于所处地质和周边环境的不同,其桩基础和独立基础埋深、布置数量、形式均有各自特点。

(1)室内桩基础施工

室内桩基础主要分布在新建下沉广场北面、东面、西面区域(图11-3)。室内的 ±0.00m 标高对应的绝对标高是 13.570m,室内桩基础顶的相对标高为 −1.300m,桩基础类型为直径 780mm 的 C35 冲孔灌注桩,室内共有桩基础 127 条,桩基础长度为27m、29m、32m 三种类型,桩基础设计等级为乙级。

(2)室外桩基础施工

室外桩基础主要分布在原主体建筑的前方和右侧区域(图11-4)。室外的 ±0.00m 标高对应的绝对标高是 13.600m,室外桩基础顶的相对标高为 −7.115m、−7.150m、−7.350m、−10.850m、−11.450m、−11.950m、−12.650m 和 −13.050m 等,桩基础类型为直径 500mm 的预应力管桩,桩基础设计长度为 6m、8.5m、10m、11m、11.5m、14.5m、15.5m、18.5m 和 21.5m 多种类型,桩基础设计等级为乙级。桩基础类型为摩擦端承桩,桩端支承于强风化花岗岩,桩端阻力特征值 q_{pa}=4500kPa。要求桩端进入持力层 1.5m,使贯入度达到控制标准,同时使桩长不小于 6m。

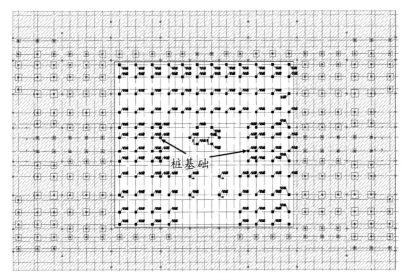

图 11-3　室内桩基础分布图

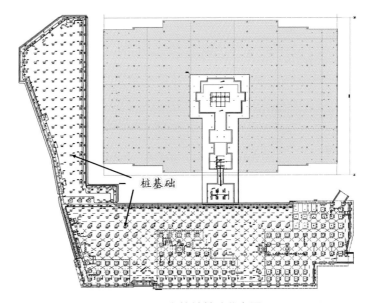

图 11-4　室外桩基础分布图

（3）室内独立基础施工

室内的 ±0.00m 标高对应的绝对标高是 13.570m，室内独立基础底的相对标高为
0.900m、1.000m、1.100m、1.200m，室内独立基础持力层是经原地基处理（机械碾
压）后的填土层，其承载力特征值为 180kPa，独立基础的混凝土强度等级为 C30，基
础底板的混凝土保护层厚度为 40mm，垫层用 C15 混凝土 100mm 厚，每边伸出基础边
100mm。独立基础分布于桩基础四周（图 11-5），独立基础共八种类型，其尺寸和大
样详见图 11-6、表 11-1。

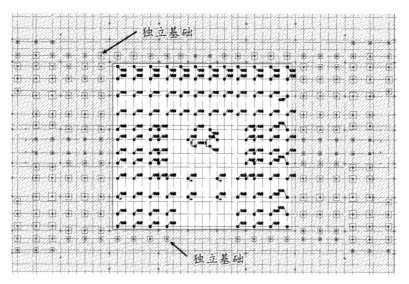

图 11-5 室内独立基础分布图

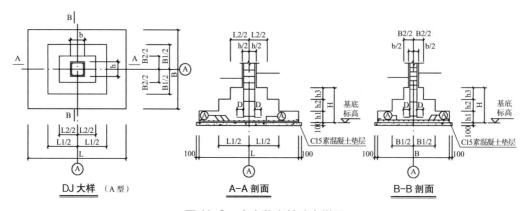

DJ 大样 （A型）   A-A 剖面   B-B 剖面

图 11-6 室内独立基础大样图

独立基础大样配筋表   表 11-1

参数\编号	型式	几何尺寸								配筋		基底标高	柱纵筋底水平长度 D
		b	h	L×B	L₁×B₁	L₂×B₂	h₁	h₂	h₃	H	①	②		
DJ-1	A型	850	850	1600×1600			500			500	Φ12@150	Φ12@150	见基础平面图	350
DJ-2	A型	850	850	1800×1800			500			500	Φ12@150	Φ12@150		350
DJ-3	A型	850	850	2400×2400			500			500	Φ12@150	Φ12@150		350
DJ-4	A型	850	850	3200×3200	2000×2000		300	300		600	Φ12@120	Φ12@120		350
DJ-5	A型	850	850	3600×3600	2200×2200		300	300		600	Φ12@120	Φ12@120		350
DJ-6	A型	850	850	4000×4000	2400×2400		350	350		700	Φ14@150	Φ14@150		350
DJ-4a	A型	850	850	2400×4200	1400×3000		350	350		700	Φ14@120	Φ14@120		350
DJ-5a	A型	850	850	2400×5400	1400×4200		400	400		800	Φ14@120	Φ14@100		350

（4）室外独立基础施工

室外新建地下室的 ±0.00m 标高对应的绝对标高是 13.600m，室外独立基础底的相对标高为 –10.900m、–11.100m、–11.700m、–12.400m、–12.500m，室外独立基础持力层为全风化花岗岩（强风化花岗岩），其承载力特征值为 350（250）kPa，250kPa 为根据现场压板实验调整，独立基础的混凝土强度等级为 C30，基础底板的混凝土保护层厚度为 40mm，垫层用 C15 混凝土 100mm 厚，每边伸出基础边 100mm。独立基础分布于鸿福路区域（图 11-7），独立基础共二十种类型，其尺寸和大样详见图 11-8、表 11-2。

室外独立基础大样配筋表　　　　　　　　　　　　　　　　表 11-2

基础编号	类型	基础平面尺寸（mm）		基础高度（mm）			基础配筋					
		A	B	h	h_1	h_2	①	②	③	④	⑤	⑥
DJ-1	I	2000	2000	1000	600	400	$\Phi16@130$	$\Phi16@130$	$\Phi14@150$	$\Phi14@150$	$\Phi12@200$	$\Phi12@200$
DJ-2	I	2400	2400	1000	600	400	$\Phi16@130$	$\Phi16@130$	$\Phi14@150$	$\Phi14@150$	$\Phi12@200$	$\Phi12@200$
DJ-2a	I	2400	2400	1000	600	400	$\Phi18@120$	$\Phi20@100$	$\Phi14@150$	$\Phi14@150$	$\Phi12@200$	$\Phi12@200$
DJ-3	I	2800	2800	1000	600	400	$\Phi16@130$	$\Phi16@130$	$\Phi14@150$	$\Phi14@150$	$\Phi12@200$	$\Phi12@200$
DJ-4	I	3000	3000	1000	600	400	$\Phi16@130$	$\Phi16@130$	$\Phi14@150$	$\Phi14@150$	$\Phi12@200$	$\Phi12@200$
DJ-5	I	3200	3200	1000	600	400	$\Phi16@130$	$\Phi16@130$	$\Phi14@150$	$\Phi14@150$	$\Phi12@200$	$\Phi12@200$
DJ-6	I	3600	3600	1000	600	400	$\Phi16@130$	$\Phi16@130$	$\Phi14@150$	$\Phi14@150$	$\Phi12@200$	$\Phi12@200$
DJ-6a	I	3600	3600	1000	600	400	$\Phi18@100$	$\Phi18@120$	$\Phi14@150$	$\Phi14@150$	$\Phi12@200$	$\Phi12@200$
DJ-7	I	4000	4000	1000	600	400	$\Phi16@130$	$\Phi16@130$	$\Phi14@150$	$\Phi14@150$	$\Phi12@200$	$\Phi12@200$
DJ-7a	I	4000	4000	1000	600	400	$\Phi18@120$	$\Phi18@120$	$\Phi14@150$	$\Phi14@150$	$\Phi12@200$	$\Phi12@200$
DJ-7b	I	4000	4000	1000	600	400	$\Phi16@100$	$\Phi16@100$	$\Phi14@150$	$\Phi14@150$	$\Phi12@200$	$\Phi12@200$
DJ-8	I	1600	4200	1000	600	400	$\Phi16@130$	$\Phi16@130$	$\Phi14@150$	$\Phi14@150$	$\Phi12@200$	$\Phi12@200$
DJ-9	I	1600	4800	1000	600	400	$\Phi16@130$	$\Phi16@130$	$\Phi14@150$	$\Phi14@150$	$\Phi12@200$	$\Phi12@200$
DJ-10	I	1600	5600	1000	600	400	$\Phi16@130$	$\Phi16@130$	$\Phi14@150$	$\Phi14@150$	$\Phi12@200$	$\Phi12@200$
DJ-11	II	7400	4200	1000	600	400	$\Phi16@130$	$\Phi16@130$	$\Phi14@150$	$\Phi14@150$	$\Phi12@200$	$\Phi12@200$
DJ-12	I	2200	2200	1000	600	400	$\Phi16@130$	$\Phi16@130$	$\Phi14@150$	$\Phi14@150$	$\Phi12@200$	$\Phi12@200$
DJ-13	I	5500	5500	1600	600	1000	$\Phi18@100$	$\Phi18@100$	$\Phi14@150$	$\Phi14@150$	$\Phi18@150$	$\Phi18@150$
DJ-14	I	2600	1800	1000	600	400	$\Phi16@130$	$\Phi16@130$	$\Phi14@150$	$\Phi14@150$	$\Phi12@200$	$\Phi12@200$
DJ-15	I	4000	3300	1000	600	400	$\Phi16@130$	$\Phi16@130$	$\Phi14@150$	$\Phi14@150$	$\Phi12@200$	$\Phi12@200$
DJ-16	I	4300	4300	1600	600	1000	$\Phi18@100$	$\Phi18@100$	$\Phi14@150$	$\Phi14@150$	$\Phi18@150$	$\Phi18@150$

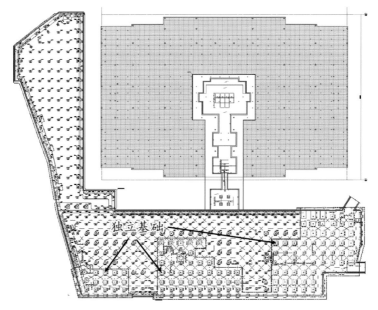

图 11-7　室外独立基础分布图

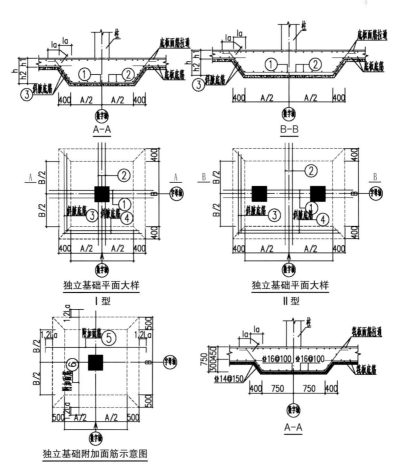

图 11-8　室外独立基础大样图

3.基坑支护施工

本项目基坑工程分为室内和室外两部分，室内部分为室内新建下沉广场及室内外连接通道基坑，室外部分为室外新建地下室基坑和室外新建地下室进出口及与地铁 2 号线鸿福路站连接通道基坑。由于所处的周边环境和地质条件不同，各部分基坑的深度、支护措施、先后顺序各有不同。

（1）室内部分基坑施工

室内基坑主要包括新建下沉广场基坑和下沉广场与室外地下室的地下通道基坑（图 11-9），通道基坑长约 80m，室内基坑底投影面积约 3000m²，开挖支护深度约 4.3～6.4m，支护长度约 385m。本工程设计安全等级为二级，设计使用期限为一年。基坑南侧：与在建二期地下室基坑相接；基坑东、西侧：其中室外部分为原会展中心入口平台，现为空地，局部已破拆原硬化地面，室内部分通道外墙距原钢结构柱或新增钢结构柱约为 2～14m，柱下为直径为 800～1000mm 的灌注桩基础；基坑北侧：室内下沉广场平台分两级设置，高差为 2.15m，其中外墙距新增钢结构柱最近处约为 1.5m。室内基坑开挖相关各岩土层自上而下为素填土、粉质黏土、粉砂、砂质黏性土、全风化花岗岩。

室内基坑主要支护措施为：放坡土钉墙、钢板桩、分级放坡、钢板桩＋钢管支撑等。

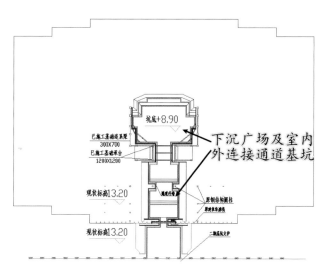

图 11-9　下沉广场与室外地下室连接通道基坑图

（2）室外部分基坑施工

室外部分基坑包括室外新建地下室基坑和新建地下室进出口以及与地铁鸿福路站连接通道基坑（图 11-10）。室外新建地下室，设 1～2 层地下室，基坑开挖深度在 4.9～9.0m 左右，基坑周长约 1050m。为方便市民从地铁直接进入地下空间，特设置地下通道工程将本项目地下室与地铁站点相连。新建地下室进出口以及与地铁鸿福路站连接通道基坑在场地东侧，开挖深度约12.0m，面积约1998m²，支护长度约326.3m，周边分布较多管线。

室外新建地下室基坑的主要支护措施及安全等级为：灌注桩＋锚索、灌注桩＋混凝土内支撑、放坡＋土钉墙支护，放坡段及土钉墙支护段的安全等级为二级，其他支护段的安全等级为一级。

新建地下室进出口以及与地铁鸿福路站连接通道基坑的主要支护措施及安全等级为：灌注桩＋混凝土内支撑。安全等级为一级。

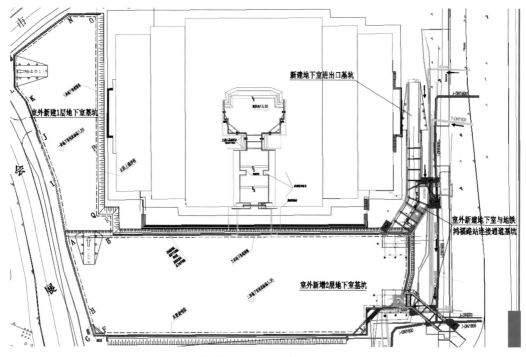

图 11-10　室外部分基坑平面图

11.2　内外新建基坑连接段穿越基础梁施工技术

11.2.1　工程概况

"东莞市民服务中心下沉广场基坑项目"是在原东莞市会展中心大楼基础上进行功能性改造，为大楼内部修建下沉广场及连接下沉广场和室外新建基坑的连接通道施工而进行的基坑支护工程，是"东莞市民服务中心"项目基础工程的重要组成部分，项目地位于东莞市市中心，鸿福路与东莞大道交叉口，2号线鸿福路地铁站旁，项目区地层自上而下为第四系素填土层、冲积层及下伏基岩。基坑支护区域主要地层为粉质黏土。根据设计文件，基坑深度为 4.3～6.4m，其中室内外新建基坑连接段需穿越原有基础梁（图 11-11）。

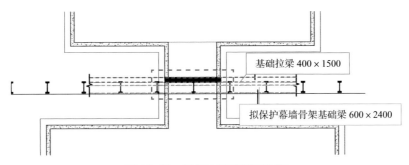

图 11-11 拟保护基础梁平面图

本项目需要保护的基础梁，其作用为直接支撑幕墙钢骨架（截面尺寸 600mm×2400mm），由于通道施工的幕墙骨架采用水平转换结构，该处柱脚的竖向和水平方向荷载较大，如施工过程处理不当，则会导致该处基础梁下陷及水平方向失稳，存在倾覆隐患。

11.2.2 关键技术的研究

既有建筑物室内外新建基坑连接段穿越基础梁施工技术包括通道基坑支护体系、基坑支护施工步骤和基础梁保护方法。

1. 既有建筑物室内外新建基坑连接段穿越基础梁支护体系的构成

既有建筑物室内外新建基坑连接段穿越基础梁施工案例少，未形成支护体系和施工技术方法。本项目针对此类工程项目，提出了一套既不破坏原有基础梁，又能保证基坑施工安全的支护体系和施工方法。本基坑支护体系在充分保证基坑安全，结合快速施工，绿色环保，可装配理念基础上，并进行力学计算而提出来。

（1）支护体系组成

本基坑支护体系（图 11-12）包括：拉森钢板桩、桩顶槽钢连梁、HW 型钢围檩、钢管对撑、封堵槽钢。支护体系的各构件可按照设计图纸进行工厂化定制，构件标准化程度高。各构件间的连接方式采用焊接，技术成熟，施工快速，质量有保证。

（2）力学计算分析

1）分析目的

既有建筑物室内外新建基坑连接段穿越基础梁支护体系由拉森钢板桩、桩顶槽钢连梁、型钢围檩、钢管对撑、封堵槽钢组成，与传统基坑支护体系有一定的差异，是在针对需穿越基础梁的工程特点专门研制的，为确保该支护体系施工安全及后期的推

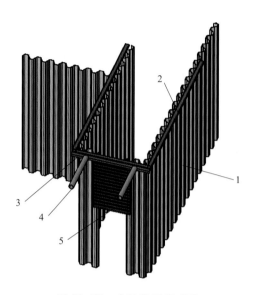

图 11-12　支护体系组成图

1- 拉森钢板桩；2- 桩顶槽钢连梁；3-HW 型钢围檩；4- 钢管对撑；5- 封堵槽钢

广应用，必须对支护体系的支护性能和力学指标进行深入了解，以本项目为例，通过建立对应的岩土工程力学计算模型，对该支护体系进行施工模拟，并进行受力分析，为支护体系的应用提供充足的科学理论依据。

2）计算内容

① CAD 设计图，如图 11-13 ～图 11-15 所示

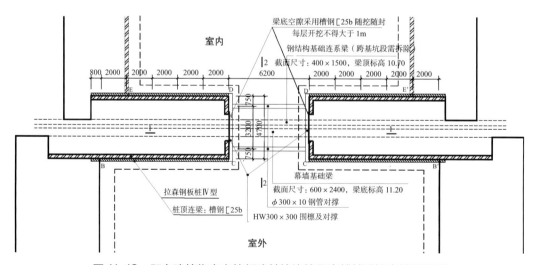

图 11-13　既有建筑物室内外新建基坑连接段穿越基础梁支护平面图

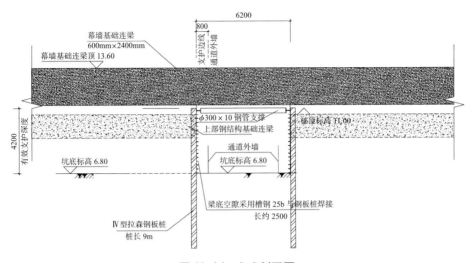

图 11-14　1-1 剖面图

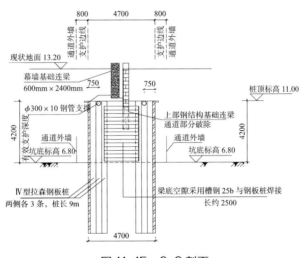

图 11-15　2-2 剖面

②数值模拟计算

场地所处的地层主要为粉质黏土，采用 MIDAS GTS NX 对基坑开挖二维仿真模拟，并分析支护结构受力情况，地层及主要材料参数详见表 11-3。

地层及主要材料参数表　　　　　　　　　　表 11-3

材料名称	弹性模量 E（MN/m²）	泊松比（υ）	重度（γ）kN/m³	黏聚力（c）（kN/m²）	内摩擦角 ϕ（°）	本构模型
粉质黏土	7	0.2	19	25	23	修正莫尔-库仑
Φ300×10 钢管支撑	$2.06×10^5$	0.31	78.50	/	/	弹性
拉森Ⅳ钢板桩	$2.06×10^5$	0.31	78.50	/	/	弹性
幕墙基础连梁（600×2400）	$3×10^4$	0.2	23	/	/	弹性

a. 数值模拟模型的具体几何参数

该模型如图 11-16 所示：此剖面的基坑开挖深度为 4.2m，基坑宽度为 6.2m。相关研究表明，在开挖深度 3 倍以外的区域，土体产生的变形微乎其微，能够不考虑变形。加上开挖基坑的二维形状为矩形，该模型的平面范围为水平向 46.2m，竖直向 20m。

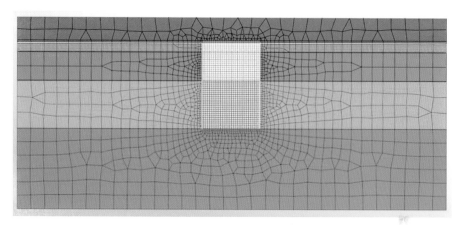

图 11-16 连接段基坑支护二维模型图

b. 模型的边界条件与施工步骤

当选取得模型范围得当时，模型的边界条件往往是给模型水平底面边施加竖向约束和给模型侧部施加水平向约束（图 11-17）。MIDAS/GTS 软件中模拟基坑开挖的施工过程的实现，主要是通过定义施工阶段来完成，其中具体是通过单元组中的"激活"和"钝化"功能来实现。

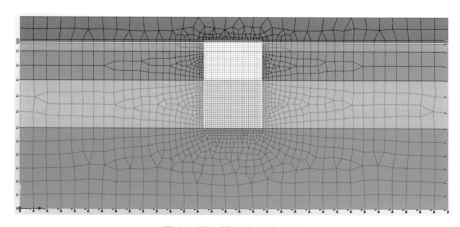

图 11-17 模型边界条件图

c. 桩 + 内支撑支护的施工模拟步骤（图 11-18～图 11-20）

ⓐ 初始应力施工阶段

当土体由于本身的自重和位于地面上的超载的作用完成固结沉降后，再进行基坑开挖。有限元程序数值模拟时，为了能较好地模拟自身重力作用下土体实现固结沉降的原状土，一定要进行初始自重应力场的计算，并且以此作为接下来开挖步骤的最初始的状态。MIDAS/GTS 软件通过激活整个模型的土体的网格单元、边界条件以及自重，同时选择位移清零。这样不仅把地基的初始地应力计算了出来，而且把在本身重力作用下地基土的固结变形也消除了。这个时候的应力状态往往被作为该模型的初始自重应力场，这就是基坑开挖的最初状态。

ⓑ 支护桩施工

ⓒ 实际开挖、支撑的施工，也是通过激活功能进行支撑和立柱的施工模拟，利用钝化功能进行开挖步骤的实现。

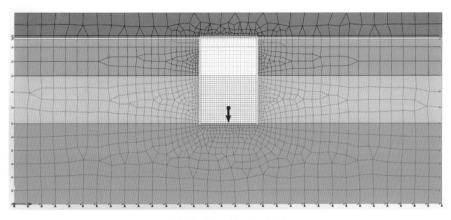

图 11-18　施工钢板桩

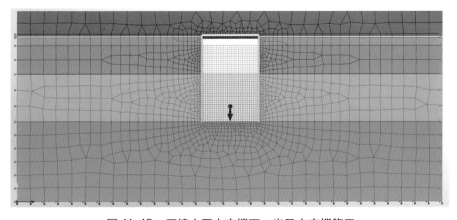

图 11-19　开挖土至内支撑下一米及内支撑施工

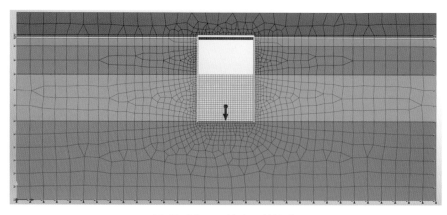

图 11-20　开挖土至基坑底

d. 模拟结果（图 11-21 ~ 图 11-23）

通过采用 MIDAS/GTS 软件在建立内支撑支护结构下基坑的数值模型的基础上，得到了各个开挖阶段支护桩的水平位移、轴力等情况。

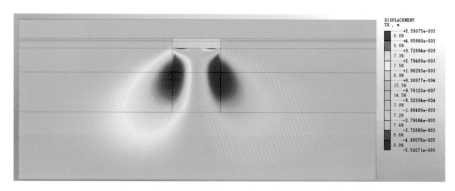

图 11-21　开挖土至内支撑下一米及内支撑施工水平位移

图 11-22　开挖土至基坑底水平位移

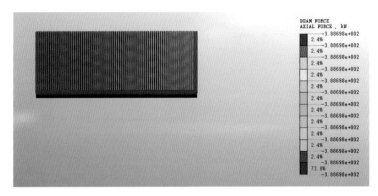

图 11-23　开挖土至基坑底内支撑轴力

由模拟结果，可知钢板桩最大水平位移为 14.8mm，满足规范小于等于 30mm 的要求。

内支撑轴力为 388.7kN，支撑梁所受的最大设计轴力为：

$$N = 388.7 \times 1.375 = 534.46kN$$

$$N \leqslant \varphi f A \tag{11-1}$$

式中　N——轴向压力设计值；

　　　φ——轴心受构件的稳定系数；

　　　f——钢结构轴心抗压强度设计值；

　　　A——构件截面面积。

$N_1 = \varphi f A = 0.97 \times 215 \times \pi \times (150^2 - 145^2) \times 10^{-3} = 965.90kN > 534.46kN$，满足要求。

2. 施工流程（图 11-24）

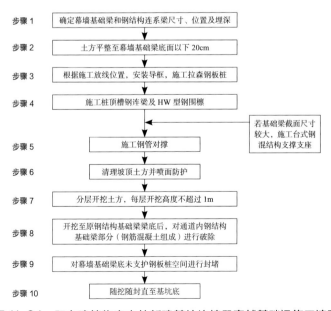

图 11-24　既有建筑物室内外新建基坑连接段穿越基础梁施工流程

3. 穿越基础梁基坑支护步骤

根据基坑支护特点和支护提出构成确定基坑支护步骤如下：

（1）确定幕墙基础梁和钢结构基础连梁尺寸、位置及埋设深度。幕墙基础梁和钢结构基础连梁的位置和埋设深度可根据物探等勘察手段和原有结构图纸确定。

（2）土方平整至幕墙基础梁底面以下20cm。土方开挖平整至幕墙基础梁底面以下20cm，严禁超挖（图11-25、图11-26）。

图 11-25 土方开挖 　　　　　 图 11-26 土方开挖至幕墙基础梁底

（3）根据施工放线位置，导框安装，施工拉森钢板桩，其中对施工精度要求较高（图11-27）。

图 11-27 钢板桩施工完毕

（4）施工桩顶槽钢连梁及HW型钢围檩。施工桩顶槽钢连梁及HW型钢围檩，其与拉森钢板桩的连接方式采用焊接。

（5）施工钢管对撑。对撑的种类可根据基坑深度和地质情况选用合适尺寸的钢管或工字钢，对撑和围檩的连接以焊接为主，也可采取螺栓连接的方式（图 11-28、图 11-29）。

图 11-28　支撑施工图　　　　　图 11-29　连梁、围檩、支撑施工完毕

（6）清理坡顶土方并喷面防护。坡顶喷射 100mm 厚 C20 级以上素混凝土进行防护（图 11-30）。

图 11-30　喷混施工完毕

（7）分层开挖土方，每层开挖高度不超过 1m。土层开挖应严格设置开挖路线和开挖计划，严禁超挖，临近钢结构基础连梁的土方应采用人工开挖，避免开挖对基础梁的破坏。

（8）开挖至钢结构基础连梁底后，对通道内钢结构基础梁部分（钢筋混凝土组成）进行破除，破除方式一般采用机械破除（图11-31）。

图 11-31　钢结构基础梁破除

（9）对幕墙基础梁底未支护钢板桩的空间进行封堵，边挖土方边施工封堵槽钢，逐步实现梁底空间封堵，槽钢每侧和钢板桩搭接 200 ～ 300mm，槽钢和拉森钢板桩的搭接采用焊接的方式。

（10）随挖随封直至基坑底，其中槽钢自上而下，一个紧贴着一个往下施工，直至基坑底。接着进行通道结构的施工，待通道主体结构达到强度要求后，进行基坑的回填和部分支护构件的回收（图11-32、图11-33）。

图 11-32　通道底板施工　　　　　　　图 11-33　通道底板施工完毕

4. 基础梁保护

为减少基坑开挖对基础梁的影响，结合上述基坑支护步骤，对基础梁进行加固保护，具体实施如下：

　　在完成基坑支护步骤（4）后，设置台式钢混结构支撑支座以维持既有建筑基础梁结构性的功能；在原基础梁侧壁设置千斤顶反顶以保证随后施工梁内植筋和浇筑在台式支座过程中保持原基础梁结构性的功能，顶紧后即对原基础梁进行植筋，随后进行台式支座预设位置的土体开挖、支设模板、钢筋的绑扎连接、钢骨架架立和浇筑成型，当台式支座强度满足要求后，原基础梁即完成加固并满足梁底通道土方开挖要求（图 11-34 ～ 图 11-37）。

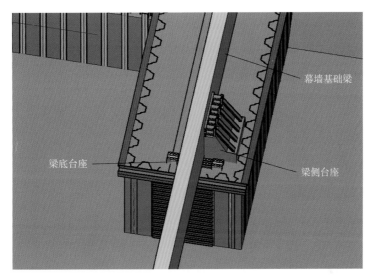

图 11-34　幕墙基础连系梁加固示意图

图 11-35　梁侧台座施工

图 11-36　梁底台座施工 1　　　　　图 11-37　梁底台座施工 2

将基础梁加固后的模型进行简化计算，幕墙基础连系梁加固效果好，幕墙基础连系梁竖向位移和裂缝值均较小，台座的设置能较好地保护加固基础梁。

5. 施工质量控制措施

（1）原材料相关证明材料检测

①对所有购进原材料的出厂合格证、说明书进行验收，并登记记录。

②对具有合格证的原材料进行复检，复检合格方准使用。

③复检不合格的原材料，物资部门做出标记，停止使用并清出施工现场。

（2）钢筋和钢材检测

1）钢筋检测

①钢筋、钢材进场要分批抽样做抗拉、冷弯等物理力学试验，使用中若发生脆断、焊接不良或机械性能不良等异常情况，还应补做化学成分分析试验。

②钢筋必须顺直，调直后表面伤痕及侵蚀不应使钢筋截面积减少。

2）钢材检测

①钢板厚度及允许偏差应符合其产品标准的要求。

②型钢的规格尺寸及允许偏差符合其产品标准的要求。

③钢材的表面外观质量除应符合国家现行有关标准的规定外，尚应符合下列规定：ⓐ当钢材的表面有锈蚀、麻点或划痕等缺陷时，其深度不得大于该钢材厚度允许偏差值的 1/2。ⓑ钢材表面的锈蚀等级应符合现行国家标准《涂覆涂料前钢材表面处理 表面清洁度的目视评定 第 1 部分：未涂覆过的钢材表面和全面清除原有涂层后的钢材表面的锈蚀等级和处理等级》GB/T 8923.1 规定的 C 级及 C 级以上。ⓒ钢材端边或断口

处不应有分层、夹渣等缺陷。

钢筋、钢材焊接使用焊条的型号、性能必须符合设计要求和有关规定。焊接成型时，焊接处不得有水锈、油渍。焊接后无缺口、裂纹和较大的金属瘤，用小锤敲击时，应发出与钢筋同样的清脆声，钢筋端部扭曲、弯折处予以校直或切除。

（3）混凝土检测

①混凝土配合比须经监理工程师审核，业主批准后方可实施，并根据现场砂石含水量的变化做适当调整，检查水泥、外加剂、粗骨料是否与试验相符，用量是否准确。

②检查混凝土的拌和时间、搅拌速度，坍落度是否符合要求。随机抽样，每班不少于 3 次。

③商品混凝土要选择质量有保证的搅拌站，混凝土到达现场后核对报料单，并在现场对坍落度核对，允许 1～2cm 的误差，超过者立即通知搅拌站调整，严禁在现场任意加水。

④按规定在现场制作试件，试件组数按招标文件中的《通用技术条件》执行，现场试件的强度试验报告要与混凝土站同批试块的试验报告相符，误差超标要查明原因。

⑤按照设计及规范要求做好试件的标准养护和同等条件养护。

（4）施工过程中质量保证措施

①对钢材、模板、钢筋的质量、数量、位置逐一检查，并作好记录。

②钢构件焊接要求应符合设计要求及国家标准《钢结构焊接规范》GB 50661 的相关规定。

③模板安装的结构尺寸要准确，模板支撑稳固，接头紧密平顺，不得有离缝、左右错缝和高低不平等现象，接缝、平整度必须满足规范要求，以减少因混凝土水分散失而引起的干缩，影响混凝土表面光洁。

④混凝土浇筑施工连续进行，尽量混凝土浇筑一次完成，当必须间歇时，尽量缩短间歇时间并在前层混凝土凝结之前，将次层混凝土浇筑完成，采用振捣器捣实混凝土时，每一振点的振捣时间，以将混凝土捣实至表面呈现浮浆和不再沉落为止。

⑤实行混凝土质量抵押金制度。按部位，逐层分清责任人，出现质量问题除无偿纠错外，质量检验部有权进行处罚。

⑥加大测量力度和现场跟踪控制，保证混凝土基线、尺寸准确，同时坚持质检人员跟班作业，监督并及时纠正施工出现的问题。

⑦制定有效的混凝土高温施工质量保证措施，确保浇筑混凝土满足设计及相关规范要求。

⑧加强施工监测措施。基坑支护过程中，按规范及时布设支护桩水平位移、竖向位移监测点，对撑轴力监测点按 1 天的频率进行监测，超出预警值及时进行处理（表 11-4）。

施工时监测预警值

表 11-4

监测项目	控制值	报警值	变化速率	备注
水平位移	30mm	25mm	2mm/d	
竖向位移	20mm	10mm	2mm/d	
支撑轴力	70% 轴力设计值			

11.2.3　技术优势与适用范围

1. 技术优势

（1）既有建筑物室内外新建基坑连接段穿越基础梁施工技术采用可装配化的钢结构支护体系，无需现场支模和现场浇筑，施工方便，缩短施工作业时间，使工期处于更可控的状态。同时，构件工厂化生产，提高构件制备质量。

（2）既有建筑物室内外新建基坑连接段穿越基础梁施工技术中基坑支护的施工思路清晰，工序操作简单，各步骤连接紧密，工序之间间隔时间少，有助于缩短工期，实现快速高质施工。

（3）针对截面尺寸较大的基础梁，设置台式钢混结构支撑支座，减少基坑开挖对基础梁的影响。台式钢混结构支撑支座施工方法常规简单，可操作性强，通过对基础梁的加固保护，保障了既有建筑的整体稳定和安全性。本项目根据施工环境条件和工程实际需要对沉井进行分层，可实现部分井片回收，在相同大小的沉井结构中重复利用，有利于降低工程成本。

（4）在基坑通道主体结构达到设计强度后，可对基坑进行回填，并对部分支护结构进行回收，回收方法常规，技术成熟，技术难度低，构件的回收降低工程成本，节约资源。

2. 适用范围

本项目既有建筑物室内外新建基坑连接段穿越基础梁施工技术适用于既有建筑物室内外都需新建基坑，基坑深度为 5～8m，地质土层为黏土、粉质黏土、砂质黏性土，室内外新建基坑通过基坑通道连接，通道需穿过既有建筑物基础梁，在不破坏既有建筑物基础梁的条件下进行的基坑施工，特别是在既有体育场、会展中心、公共建筑物等的功能改造和地下空间开发中，将产生显著的社会效益和经济效益。

11.2.4　技术关键与技术创新点

1. 技术关键

（1）支护体系构成

根据既有建筑物室内外新建连通基坑，连接通道段基坑的深度为6.4m，其中开挖放坡3m，地层自上而下主要为复合地基土、粉质黏土、砂质黏性土，且原有基础梁垂直穿过通道基坑的特点,确定基坑支护体系包括:9m 长拉森钢板桩Ⅳ性、桩顶槽钢 [25b 连梁、HW300×300 型钢围檩、Φ300×10 钢管对撑、封堵槽钢[25b,再通过计算确定其具体尺寸和构件布置间距等内容。支护体系的各构件可按照设计图纸进行工厂化定制,构件标准化程度高。各构件间的连接方式采用焊接,技术成熟、施工快速、质量有保证。

（2）施工步骤确定

针对场地施工条件和支护体系的构成,并经多方讨论,确定具体施工步骤如下。

1）确定原基础梁尺寸、位置及埋设深度;

2）放坡及土方平整至基础梁底面以下 20cm;

3）根据施工放线位置,导框安装,施工钢板桩;

4）施工钢板桩桩顶钢连梁和围檩;

5）施工钢管对撑;

6）清理坡顶土方并喷面防护;

7）分层开挖土方,每层开挖高度不超过 1m;

8）开挖至原钢结构基础梁梁底后,对通道内钢结构基础梁部分（钢筋混凝土组成）进行破除;

9）对幕墙基础梁底未支护钢板桩空间进行封堵;

10）随挖随封直至基坑底。

（3）部分支护构件的回收重复利用

地下室及通道主体结构施工完毕,达到强度要求后,基坑回填,并对部分钢板桩、围檩、连梁、钢管支撑回收重复使用,降低工程造价,节省资源。

（4）基础梁加固保护

完成通道开挖的支护步骤 4）后,设置台式钢混结构支座对基础梁进行加固保护。

2. 技术创新点

（1）提出了既有建筑开挖施工室内外基坑连接通道,在原基础梁位置处的通道开挖的支护体系,支护体系由拉森钢板桩、桩顶槽钢连梁、HW 型钢围檩、钢管对撑、封堵槽钢等组成。

（2）提出了既有建筑开挖施工室内外基坑连接通道,在原基础梁位置处的通道开挖支护完整施工步骤:1）确定原基础梁尺寸、位置及埋设深度;2）土方平整至基础梁底面以下 20cm;3）根据施工放线位置,导框安装,施工钢板桩;4）施工钢板桩桩顶钢连梁和围檩;5）施工钢管对撑;6）清理坡顶土方并喷面防护;7）分层开挖土方,每层开挖高度不超过 1m;8）开挖至原钢结构基础梁梁底后,对通道内钢结构基础梁部分（钢筋混凝土组成）进行破除;9）对幕墙基础梁底未支护钢板桩空间进行封堵;

10）随挖随封直至基坑底。

（3）实现支护结构的装配化施工，有效提高施工效率，践行绿色环保理念。

（4）待地下室及通道主体结构施工完毕，达到强度强求后，基坑回填，对部分支护构件回收利用，节省资源，减少工程造价。

（5）为减少基坑开挖对大截面基础梁的影响，在完成通道开挖的支护步骤4）后，设置台式钢混结构支撑支座以维持既有建筑基础梁结构性的功能，有效地保障了既有建筑物的安全性。

11.2.5 经济与社会效益

随着城市的不断发展，城市建设用地的日趋紧张，国家大力提倡资源节约型社会理念，原有建筑物功能性改造和既有建筑物新建地下空间的项目不断增多，相关建设遇到的问题越来越多，但相关的施工技术相对缺乏，尤其是既有建筑物室内外新建基坑连接段需穿越基础梁的施工技术仍是空白，既有建筑物室内外新建基坑连接段穿越基础梁施工技术的推出将会很好地填补当前技术空白，为既有建筑物室内外新建基坑项目的相关施工提供技术参考。

装配式建筑、绿色施工、节能降耗是建筑业发展的趋势，既有建筑物室内外新建基坑连接段穿越基础梁施工技术中所采用的支护构件大部分是可装配的钢结构，可实现支护结构的快速施工，有利于缩短施工工期，降低基坑支护成本，有显著的经济效益。钢结构支护结构施工速度快，精度可控，能更有效地保证施工质量。钢结构支护体系施工无需模板，大大减少建筑垃圾及污染环境的废弃物的排放量，节省安装时间、材料损耗及人工成本，是一种节能环保的先进施工工艺技术。支护结构在通道施工完毕达到强度要求后，基坑回填，对大部分构件进行回收，有效节省资源，降低施工成本。

针对截面尺寸较大基础梁，设置台式钢混结构支撑支座以维持既有建筑基础梁结构性的功能，减少基坑开挖对基础梁的破坏，有效地保证了既有建筑的整体稳定性和安全性。减少了传统破除基础梁所花费的人力物力，减少对环境的影响。

本技术研究依据国家相关规范、规程，结合实际工程项目的施工经验进行编制，并附有既有建筑物室内外新建基坑连接段穿越基础梁施工技术在实际工程应用时的设计和施工方法，确保既有建筑物室内外新建基坑连接段穿越基础梁施工安全，质量可靠，为日后既有建筑物新建基坑需穿越基础梁施工提供经验参考。随着技术推广应用，既有建筑物室内外新建基坑连接段穿越基础梁施工技术也将会获得更广阔发展空间。

1.经济效益

（1）施工工效

既有建筑物室内外新建基坑连接段穿越基础梁施工技术与传统施工方法（钢筋混

凝土支护桩（C30φ800@1000）及基础梁破除）相比，具有可快速施工、拼装方便等诸多优点，可以极大地缩短工程施工工期（以连接段总支护长度47.4m，基坑深度6.4m工程为例，施工节约工期16天），大大减少工人劳动量，降低了劳动强度。

（2）材料及人工费用节约

以连接段总支护长度47.4m，基坑深度6.4m为例，既有建筑物室内外新建基坑连接段穿越基础梁施工技术与传统施工方法（钢筋混凝土支护桩（C30φ800@1000）及基础梁破除）相比，工作量大幅减小，所需材料大幅下降，脚手架、模板、设备租赁费用也都大幅缩减，共节省材料及人工费用173193.59元，其中不包括可回收钢结构节省的费用。

（3）其他综合效益

从施工现场安全文明施工分析，既有建筑物室内外新建基坑连接段穿越基础梁施工技术，极大地减少了工地文明施工强度。从技术影响力分析，使用既有建筑物室内外新建基坑连接段穿越基础梁施工技术，可大大地提升了公司的整体竞争力。

2. 社会效益

随着建筑业的不断发展，装配式建筑、绿色施工、节能降耗已成为建筑业发展的时代要求，成为建筑企业生产发展的必然选择。绿色施工是指工程建设中，在保证质量、安全等基本要求的前提下，通过科学管理和技术进步，最大限度地节约资源与减少对环境负面影响的施工活动，实现"四节一环保"（节能、节地、节水、节材和环境保护）。随着建筑业的改革、转型升级，建筑业对施工成本、人力物力及环境保护方面的要求也越来越高。

本项目研究既有建筑物室内外新建基坑连接段穿越基础梁施工技术。区别于传统既有建筑物新建地下空间即可施工方法。本项目采用钢结构为主的基坑支护结构体系，可实现支护体系的快速高效施工。待地下室及通道主体结构施工完毕且达到强度要求，回填基坑，并回收部分钢板桩、围檩、连梁、钢管支撑，有利提高经济效益，降低工程项目建造成本。针对大截面尺寸基础梁，采用施工钢混台座进行加固保护，降低基坑开挖对基础梁的影响。

（1）节能效益

采用钢结构支护体系，实现以钢结构支护体系替代现钢筋混凝土支护体系，减少对水电、模板、脚手架等的消耗，是节约资源的十分重要而且有效的举措。

（2）环保效益

1）既有建筑物室内外新建基坑连接段穿越基础梁施工技术，钢结构支护体系施工噪声较小，施工时间较短，避免了现浇沉井的混凝土振捣刺耳的噪声污染，减少扰民现象。

2）既有建筑物室内外新建基坑连接段穿越基础梁施工技术，采用的瓦工量较少，产生的污水和固体废弃物少，支护体系各构件标准化、规范化程度高，有利于现场文明施工，是一种较节能环保的施工工艺技术

3）既有建筑物室内外新建基坑连接段穿越基础梁施工技术，其支护体系在地下室及通道主体结构施工完毕且达到强度要求后，回填基坑，并回收部分钢板桩、围檩、连梁、钢管支撑，回收构件可在其他类似工程多次重复使用，减少建筑垃圾量。

综上所述，既有建筑物室内外新建基坑连接段穿越基础梁施工技术符合绿色施工的节材和材料资源利用的要求，具有很好的经济效益和社会效益。

11.3 明挖基坑砌体管井原位保护施工技术

11.3.1 工程概况

"东莞市民服务中心项目地下通道基坑工程"是东莞市民服务中心改扩建项目中为实现室外新建地下空间与东莞市轨道交通2号线鸿福路站连接而修建，是"东莞市民服务中心"项目基础工程的重要组成部分，项目位于东莞市市中心，鸿福路与东莞大道交叉口，2号线鸿福路地铁站旁，项目区地层自上而下为第四系素填土层、冲积层及下伏基岩。基坑支护区域主要地层为粉质黏土。该地下通道基坑工程为明挖方施工，支护措施为灌注桩+旋喷桩止水帷幕，基坑开挖深度为11.82m，宽度为7.2m。悬吊保护对象为一雨水管（PVC）及相关管井（砌体），管道斜横穿基坑内部长度约11.60m，雨水管管道直径为1.6m，埋深3.1m，砌体管井直径2.7m，埋深约为3.6m。

11.3.2 关键技术的研究

1. 明挖基坑砌体管井原位保护施工技术研发

复杂环境下明挖基坑砌体管井原位保护施工关键技术的技术主体包括被保护结构砌体管井、悬吊保护结构。其中，被保护结构砌体管井主要由管井底板及其他管井侧壁组成；悬吊保护结构主要由承重钢管梁、内外吊板及与沉重钢管梁的钢绳索/钢筋，承重梁柱组成。

（1）砌体管井悬吊结构的研究思路

1）砌体管井悬吊保护施工关键技术整体思路

由于砌体管井结构抗拉剪能力差，进行悬吊保护过程中需要考虑砌体管井的强度及变形问题，为解决该技术性难题，通过设置内外吊板，将砌体管井进行加强及保护，使得悬吊过程中避免砌体管井的砌体处于受拉状态，将承受的拉力传递给内外吊板，保证砌体管井的整体结构的安全度；同时设置承重梁柱对砌体管井进行支撑保护，增

大结构安全的富余度，保证结构的安全（图 11-38）。

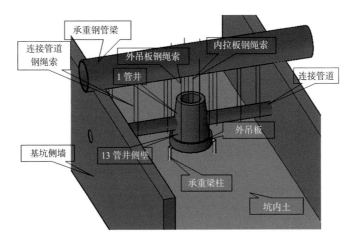

图 11-38　连接管道悬吊保护图

本项目首创采用了内外吊板结合承重梁柱进行设计和施工，采用内吊板与外吊板相结合的方法将整个管井进行保护，充分考虑砌体结构承压能力强，抗拉剪能力差的特性，对其进行针对性设计，把内吊板与外吊板现浇成整体，克服常规砌体结构悬吊保护过程中结构破坏、变形过大等问题。

砌体管井悬吊保护结构的承重钢管梁及承重梁柱采用符合受力要求的常用型钢，通过焊接进行现场连接。本施工技术较传统悬吊保护及管线迁改方法，产生的经济效益和社会效益更为显著，具有如下优势：

①本施工技术无需现场对既有管井进行拆除及迁改，受力明确，安全程度高，缩短整个施工作业时间，减少繁重、复杂的迁改作业，提高经济效益；

②本技术采用内吊底板及外吊底板对砌体管井进行保护，直接在现场通过钢绳索/钢筋与承重钢管梁进行连接,实现砌体结构保持受压状态,避免砌体管井产生受拉裂缝,提高安全富余度；

③本技术设置承重梁柱，进一步加强对砌体管井的保护；

④本技术中，内吊底板、外吊底板通过钢绳索/钢筋和承重钢管梁连接，拆卸时可快速回收，实现重复利用，降低工程成本。

2）砌体管井悬吊保护研究思路

砌体管井侧壁为砌体材料，底板为钢筋混凝土结构，砌体管井抗拉剪能力差，悬吊过程中应避免拉力作用于管井侧壁。管井底板可作为抗拉构件,但其强度及刚度不足,故对其进行加强加固，综合考虑为内外吊板加固＋钢筋悬吊＋承重梁柱支撑悬吊保护方式。

内外吊板加固＋钢筋悬吊＋承重梁柱支撑悬吊保护方式能够很好地解决砌体管井在悬吊保护过程中的强度及刚度问题。内吊板设置于管井内底部，其钢筋穿透砌体管井侧壁，与外吊板相连形成整体，加大其整体性；外吊板设置于管井外底部，考虑开挖过程中能完全开挖，故外吊板采用局部开挖，设置环形钢筋混凝土底板，用于支撑砌体管井底板，并设置护角保护管井侧壁与底板位置；承重梁柱提供竖向支撑力，进而提供砌体管井的安全富余度（图11-39）。

3）与管井连接管道的悬吊保护思路

由于与砌体管井连接的管道位于砌体管井底部上方，在开挖至管井底部之前，需考虑对连接管井的管道进行悬吊保护，管道尺寸大小及连接方向，承重钢管梁的摆放位置，基坑两侧的支挡结构，采用钢绳索/钢筋保护的具体措施。

钢绳索悬吊保护方式充分考虑了钢管的圆形力学特性及施工工艺，有效保护连接管道的安全性，且不影响施工进度。承重钢管梁摆放位置方向与连接管道走向一致，钢绳索作用于管道及管井正中心，可使其不发生偏心作用；土方开挖到管道底部需进行保护作业，通过使用钢绳索局部穿过土体实现管道及管井围绕，能够避免对承重土体的扰动，减少不必要的工序；设置钢绳索塑料软管保持钢绳索与管道作用处于均匀受力状态（图11-40）。

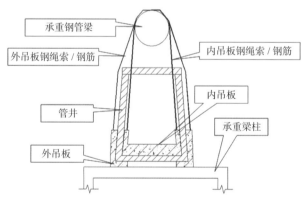

图11-39 砌体管井悬吊保护图

图11-40 连接管道悬吊保护图

（2）悬吊保护结构的构件组成

管井悬吊保护结构是由内吊板、外吊板、钢绳索/钢筋、承重梁柱、承重钢管梁组成。砌体管井悬吊保护结构的构件类型见表11-5。

1）内吊板

内吊板为现浇钢筋混凝土板（图11-41），设置于管井内部，紧贴砌体管井底板。钢筋摆放为双层双向钢筋，双层双线钢筋穿透砌体管井侧壁以便与外吊板现浇混凝土形成整体，通过内吊板提供内吊拉力的作用位置，避免作用于砌体管井底板，实现保护砌体管井底板的效果。内吊板考虑对砌体管井侧壁的保护，板厚取 400mm。双层双向钢筋为 $\Phi16@200$ 分布。施工时根据天气雨水情况，在无水或少水作业环境下进行施工。

砌体管井悬吊保护结构的构件类型表　　　　　　　　　　　　　　表 11-5

名称	位置	作用
内吊板	砌体管井内底部	与砌体管井、外吊板形成受力体系，并提供管井内部悬吊连接空间
外吊板	砌体管井外底部	与砌体管井、外吊板形成受力体系，并提供管井外部悬吊连接空间
钢绳索/钢筋	承重钢管梁与连接管道或管井处	连接承重钢管梁与砌体管井（管道），传递管井悬吊重力
承重梁柱	砌体管井外底部	支撑砌体管井，第二道保障措施
承重钢管梁	基坑支护顶部	承受管井悬吊重力

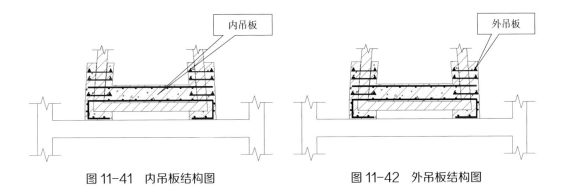

图 11-41　内吊板结构图　　　　　　　　图 11-42　外吊板结构图

2）外吊板

外吊板为现浇钢筋混凝土板（图 11-42）（环形），设置于管井外部，紧贴砌体管井外底部。外吊板主要由底板及护角组成，环形板板宽度约为 0.4～0.6m，设置单层双向的底托钢筋，厚度为 200mm，底板的底托钢筋主要由部分内吊板钢筋伸出，保证内外吊板的整体性；护角由底板从竖向伸出，高度约为 1m，厚度为 200mm，紧贴管井侧壁，内置穿插管井侧壁钢筋与内吊板连接，竖向受力钢筋外露外吊板以便与悬吊钢筋进行连接，穿插管井侧壁钢筋为 $\Phi12@200$，竖向受力钢筋为 $\Phi16@200$。施工时需对砌体管井进行局部开挖，按吊板的尺寸进行开挖再进行支模、钢筋布置及浇筑混凝土。

3）钢绳索/钢筋

钢绳索/钢筋根据悬吊保护部位和工序进行合理选用（图 11-43），当对连接管道进行保护时，选用钢绳索悬吊有利于包裹管道避免集中受力、易穿过管道底部土体且施加预应力方便；当对砌体管井进行保护时，由于单根钢筋刚度较大，钢筋可和同时设置的内外吊板等刚性较大支座很好的连接，实现对砌体管井结构的钢筋悬吊保护。钢筋采用型号为 C16，钢绳索采用型号为 6×19。

图 11-43　钢绳索实物图

4）承重梁柱

承重梁柱作为增加砌体管井悬吊保护结构安全富余度的构件（图 11-44），主要由承重梁、承重柱及垫块组成，承重梁为双拼工字钢，承重柱为钢管柱，钢垫块为钢板；开挖土体前对进行钢管桩施工后方可进行开挖，悬吊保护结构完成后，继续开挖并设置承重梁，设置垫块至底板底，继续开挖。

承重梁柱

图 11-44　承重梁柱

（3）力学计算分析

1）分析目的

砌体管井悬吊保护结构是针对砌体结构特性而设计的一种悬吊保护结构，由于该悬吊结构的设计及施工工艺，与传统意义上的常规悬吊保护施工存在较大的差异。为确保悬吊保护结构施工安全及后期该新型悬吊保护结构的推广应用，必须通过建立三维数值模型模拟该悬吊保护结构施工，分析其力学性能，为实际工程采用此类悬吊保护结构提供力学依据。

2）模拟工程概况

研究工程为东莞市民服务中心连接新建地下室和地铁站的通道基坑，基坑支护采用灌注桩＋钢管支撑，局部采用钢花管＋挂网喷锚，基坑开挖深度为 11.82m，宽度为 7.2m。本工程研究的悬吊保护对象为砌体管井及其连接管，管道斜横穿基坑内部长度约 11.60m，其平面位置如图 11-45 所示；雨水管管道直径为 1.6m，埋深 3.1m，砌体管井直径 2.7m，埋深约为 3.6m；悬吊保护方案为本施工关键技术的内外吊板悬吊＋承重梁柱支撑方案。

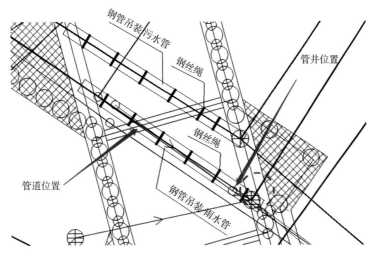

图 11-45　管道管井平面布置图

3）计算内容

①计算参数

采用有限元软件 ABAQUS6.12-1 建立本悬吊保护结构力学模型，模拟分析砌体管井在悬吊工况下的工作性能。由于承重梁柱作为增加安全富余度的手段，故在模拟分析过程中，不考虑承重梁柱在模型中的有利作用，只考虑内外吊板的悬吊工作。

以壁厚 t=0.24m、外径 D=2.7m 的雨水砌体管井为例，管井主要以砌体材质侧壁、混凝土底板、连接管道三部分组成。数值模拟中悬吊保护结构主要由承重钢管梁、内外吊板钢绳索／钢筋、内外吊板三部分组成。雨水砌体管侧壁厚度为 0.24m，混凝土底板厚度为 0.2m，外径为 2.7m，连接管道为 PVC 塑料管道，直径为 1m。吊保护结构内吊板厚度为 400mm 的双层双向三级钢直径 16@200 的钢筋混凝土板，内吊板直径约为 2.2m；外吊板为外径 3.1m、内径 1.82m 的 200mm 厚圆环，护角高度为 1m；钢锚索采用钢锚索或直径 16mm 的三级钢。承重梁柱采用双拼 Q235 的工30 工字钢及 D609 管钢。其力学模型计算参数如表 11-6 所示。

模型计算参数 表 11-6

材料	密度（kg/m³）	弹性模量（Pa）	泊松比	规格
C30 混凝土	2540	3×10^9	0.2	
钢筋	7850	2×10^{10}	0.3	三级钢
钢绳索	7850	2×10^{10}	0.3	6×19
砌体（M10）	1900	1.06×10^{10}	0.25	240mm 厚
PVC 波纹管	950	9×10^{11}	0.38	

②悬吊保护结构图（图 11-46 ～ 图 11-48）

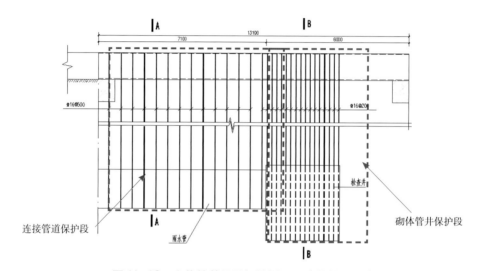

图 11-46 砌体管井悬吊保护侧面图（单位 mm）

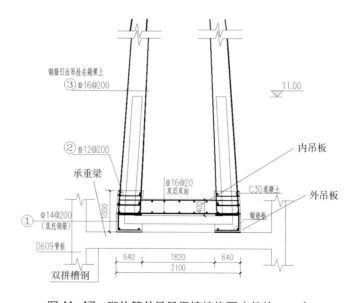

图 11-47 砌体管井悬吊保护结构图（单位 mm）

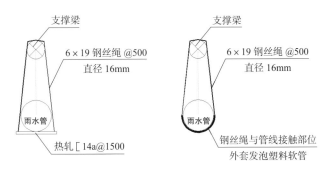

图 11-48　连接管道悬吊保护结构图

③悬吊保护结构计算模型

按照工程实际情况，进行砌体管井悬吊保护结构分析模拟，本次对不同部位采用手算及电算计算，电算使用有限元软件 ABAQUS6.12-1 对管井进行仿真模拟，具体如图 11-49 所示。

假定钢管梁为固定支座，钢绳索及钢筋的边界为固定边界，如图 11-50 所示。

图 11-49　砌体管井及管道悬吊结构三维模型图

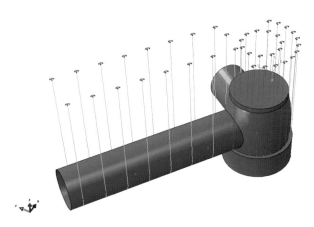

图 11-50　砌体管井及管道悬吊结构边界示意图

④承重钢管梁计算

现进行力学验算

a. 各种荷载（标准值）

ⓐ 11.6m 管线重量为（直径 1.2mPVC 管壁以 10mm 计算）：1.226kN/m；

ⓑ 承重钢管梁自重（钢管直径 1220mm，壁厚 12mm）：5.98kN/m；

ⓒ 管内水荷载：11.31kN/m；

ⓓ 管井集中力：148.72kN；

ⓔ 管内水集中荷载：114.511kN；

ⓕ 牵引装置综合荷载（吊绳挂板等）：1kN/m；

ⓖ 施工荷载：1kN。

最不利情况（满水情况），按 11.6m 长均布荷载计算，管井距离支座处 1.5m。

恒载分项系数：1.3

活载分项系数：1.5

根据结构力学知识，该结构为两边铰接支座（图 11-51）。

b. 承重钢管梁荷载检算（图 11-52）

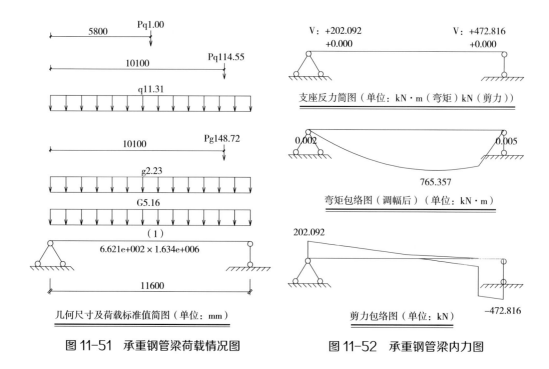

图 11-51　承重钢管梁荷载情况图　　　图 11-52　承重钢管梁内力图

梁　号　1：　　　跨长 $=11600A \times I=6.621 \times 10^{2}cm^{2} \times 1.634 \times 10^{6}cm^{4}$

	左	中	右
弯矩（ – ）:	0.000	0.000	0.000
弯矩（ + ）:	0.002	765.357	0.005
剪　　力:	202.092	47.970	–472.816

跨中处截面验算：

最大正应力 σ: –28.920（N/mm²）

平均剪应力 τ: 0.725（N/mm²）

F_x 作用下的剪应力最大值 τ_{max}: 0.000（N/mm²）

F_y 作用下的剪应力最大值 τ_{max}: 1.449（N/mm²）

注意：本程序计算未考虑合成剪力最大剪应力值

$|\sigma = 28.9| \leqslant f = 215.0$（N/mm²）$|f/\sigma| = 7.434$ 满足

$|\tau = 1.4| \leqslant f_v = 125.0$（N/mm²）$|f_v/\tau| = 172.527$ 满足

支座处截面验算

最大正应力 σ: 0.000（N/mm²）

平均剪应力 τ: 7.141（N/mm²）

F_x 作用下的剪应力最大值 τ_{max}: 0.000（N/mm²）

F_y 作用下的剪应力最大值 τ_{max}: 14.283（N/mm²）

注意：本程序计算未考虑合成剪力最大剪应力值。

$|\sigma = 0.0| \leqslant f = 215.0$（N/mm²）$|f/\sigma| = 99999.000$ 满足。

$|\tau = 14.3| \leqslant f_v = 125.0$（N/mm²）$|f_v/\tau| = 17.504$ 满足。

挠度计算：

最大挠度 15.747mm＜23.200mm（11600/500）

经验算，本悬吊方案采用外径 1240mm，壁厚 15mm 厚结构满足安全要求。

⑤管井钢筋混凝土计算

a. 内吊板计算

为简化计算，将圆形混凝土简化为条形梁，跨度为直径计算，板厚为 400mm，两边支承情况为简支，最不利工况为满水荷载情况（2.7m 水头）：

荷载设计值：

计算公式：荷载设计值 = $\gamma_G \times$ 恒载 + $\gamma_Q \times \gamma_1 \times$ 活载

均布荷载　　＝1.30 × 10.00 + 1.50 × 1.00 × 27.00＝53.50

跨中:	[水平]	[竖向]
弯矩设计值:	48.752	0.000
面积:	800（0.20%）	800（0.20%）
实配:	E16@200（1005）	E16@200（1005）

四边：　　[上]　　　　　　[下]　　　　　　[左]　　　　　　[右]

弯矩设计值：0.000　　　　　0.000　　　　　　0.000　　　　　　0.000

面积：　800（0.20%）　800（0.20%）　800（0.20%）　800（0.20%）

实配：E16@200（1005）E16@200（1005）E16@200（1005）E16@200（1005）

b. 外吊板计算

外吊板部分为承受管井自重部分，简化为悬吊梁计算：

荷载设计值：

计算公式：荷载设计值 = $\gamma_G \times$ 恒载 $+ \gamma_Q \times \gamma_1 \times$ 活载

均布荷载 =1.30×2.50+1.50×1.00×10.00=18.25

平行板边：　　[左]　　　　　　[中]　　　　　　[右]

下边弯矩：　−1.460　　　　−0.365　　　　−0.000

下边配筋：　200（0.20%）　200（0.20%）　200（0.20%）

下边实配：E14@200（770）　　（0）　　E14@200（770）

⑥承重梁柱计算

承重梁柱作为增加富余度角度考虑，支撑梁为两端铰接考虑，支撑柱按轴心轴力构件计算。

a. 承重梁计算

荷载及内力图如图 11-53 所示：

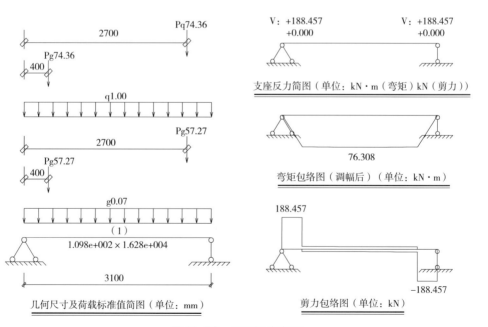

图 11-53　承重梁内力图

弯矩计算

最大正应力 σ：71.389（N/mm²）

平均剪应力 τ：0.000（N/mm²）

F_x 作用下的剪应力最大值 τ_{max}：0.000（N/mm²）

F_y 作用下的剪应力最大值 τ_{max}：0.000（N/mm²）

注意：本程序计算未考虑合成剪力最大剪应力值

$|\sigma=71.4| \leqslant f=215.0$（N/mm²）$|f/\sigma|=3.012$ 满足。

$|\tau=0.0| \leqslant f_v=125.0$（N/mm²）$|f_v/\tau|=99999.000$ 满足。

剪切力计算

最大正应力 σ：0.000（N/mm²）

平均剪应力 τ：17.161（N/mm²）

F_x 作用下的剪应力最大值 τ_{max}：0.000（N/mm²）

F_y 作用下的剪应力最大值 τ_{max}：35.017（N/mm²）

注意：本程序计算未考虑合成剪力最大剪应力值

$|\sigma=0.0| \leqslant f=215.0$（N/mm²）　$|f/\sigma|=99999.000$ 满足。

$|\tau=35.0| \leqslant f_v=125.0$（N/mm²）$|f_v/\tau|=7.284$ 满足。

b. 承重柱计算

X-Z 平面内顶部约束类型：简支。

X-Z 平面内底部约束类型：简支。

X-Z 平面内计算长度系数：1.00。

Y-Z 平面内顶部约束类型：简支。

Y-Z 平面内底部约束类型：简支。

Y-Z 平面内计算长度系数：1.00。

绕 X 轴弯曲：

长细比：$\lambda_x=47.68$。

轴心受压构件截面分类（按受压特性）：a 类。

轴心受压整体稳定系数：$\phi_x=0.922$。

最小稳定性安全系数：31.26。

最大稳定性安全系数：31.78。

最小稳定性安全系数对应的截面到构件顶端的距离：10.000（m）。

最大稳定性安全系数对应的截面到构件顶端的距离：0.000（m）。

绕 X 轴最不利位置稳定应力按《钢结构设计标准》公式（5.1.2-1）

$$\frac{N}{\phi_x A} = \frac{189033}{0.922 \times 29807} = 6.8768 \text{N/mm}^2 \quad (11\text{-}1)$$

绕 Y 轴弯曲：

长细比：$\lambda_y = 47.68$

轴心受压构件截面分类（按受压特性）：a 类。

轴心受压整体稳定系数：$\phi_y = 0.922$。

最小稳定性安全系数：31.26。

最大稳定性安全系数：31.78。

最小稳定性安全系数对应的截面到构件顶端的距离：10.000（m）。

最大稳定性安全系数对应的截面到构件顶端的距离：0.000（m）。

绕 X 轴最不利位置稳定应力按《钢结构设计标准》公式（5.1.2-1）

$$\frac{N}{\phi_y A} = \frac{189033}{0.922 \times 29807} = 6.8768 \text{N/mm}^2 \quad (11\text{-}2)$$

强度验算

最大强度安全系数：34.46。

最小强度安全系数：33.90。

最大强度安全系数对应的截面到构件顶端的距离：0.000（m）。

最小强度安全系数对应的截面到构件顶端的距离：10.000（m）。

计算荷载：189.03kN。

受力状态：轴压

最不利位置强度应力按《钢结构设计标准》公式（5.1.1-1）

$$\frac{N}{A_n} = \frac{189033}{29807} = 6.3418 \text{N/mm}^2 \quad (11\text{-}3)$$

构件安全状态：稳定满足要求，强度满足要求。

⑦管道计算

根据管道的实际工作情况，制定不同工况并计算，计算结果如图 11-54～图 11-56 所示。

钢绳索／钢筋应力：

$$\sigma = \frac{N}{A_s} = 4.517 \text{MPa} < 360 \text{MPa} \quad \text{满足} \quad (11\text{-}4)$$

最大位移为：

$$S = 5.583 \text{mm} + 15.747 \text{mm} < 23 \text{mm} \quad \text{满足}$$

结论：钢筋／钢绳索及管井应力应变符合要求。

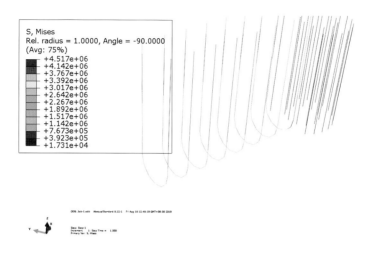

图 11-54　钢绳索 / 钢筋应力图

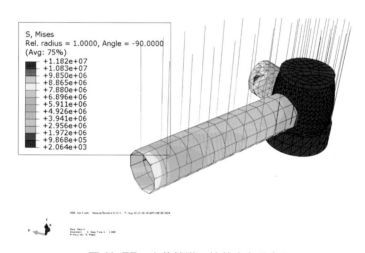

图 11-55　砌体管道及管井应力分布图

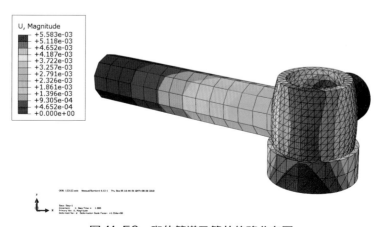

图 11-56　砌体管道及管井位移分布图

2. 砌体管井原位保护施工

（1）砌体管井原位保护技术施工流程图（图 11-57）

物探方式对雨水污水管道及管井进行定位，确定位置

施工基坑两侧支护，后开挖至管道底部

设置连接管道钢绳索与承重钢管梁连接，施工完成后开挖至管井底部

设置内吊板并与承重钢管梁进行连接，局部开挖砌体管井底部设置外吊板并与内吊板及承重钢管梁连接

施工承重梁柱的柱，管井底部设置承重梁柱的梁及垫片，继续开挖土体

施工地下构筑物，对承重梁柱进行共同现浇

施工地下构筑物，对承重梁柱进行共同现浇

回填土体至外吊底板底并压实土体移除承重梁柱

回填土体至连接管井并压实土体移除钢绳索/钢筋/承重钢管梁

回填土体至地面高程，工程完毕

图 11-57　砌体管井原位保护技术施工流程图

（2）连接管道悬吊保护技术

悬吊保护结构中，对于连接管道的悬吊保护，承重钢管梁摆放位置方向与连接管道走向一致，钢绳索作用于管道正中心，可使其不发生偏心作用；土方开挖到管道底部需进行保护作业，通过使用钢绳索局部穿过土体实现管道及管井围绕，能够避免对承重土体的扰动，减少不必要的工序；设置钢绳索塑料软管保持钢绳索与管道处于均匀受力状态；必要时进行钢绳索预应力张拉（图 11-58、图 11-59）。

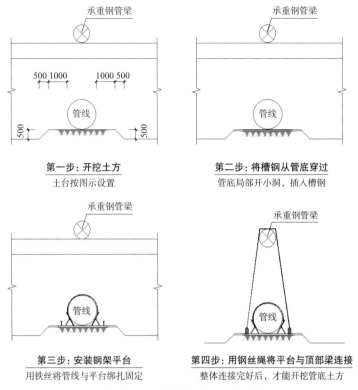

图 11-58　连接管道悬吊保护流程图

图 11-59　连接管道悬吊保护实物图

（3）砌体管井悬吊保护技术

针对砌体管井侧壁的材料特性，采用了内外吊板结合承重梁柱进行设计和施工，通过现浇混凝土结构的使得内吊板与外吊板形成整体，避免常规砌体结构悬吊保护过程中出现结构破坏、变形过大等问题，同时设置承重梁柱，对悬吊结构进一步保护（图 11-60、图 11-61）。

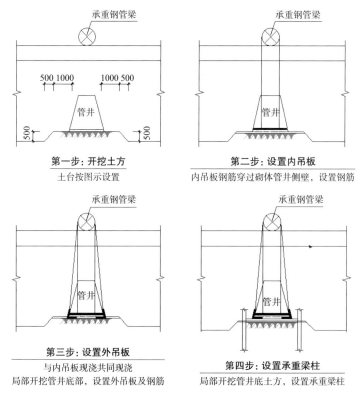

第一步：开挖土方
土台按图示设置

第二步：设置内吊板
内吊板钢筋穿过砌体管井侧壁，设置钢筋

第三步：设置外吊板
与内吊板现浇共同现浇
局部开挖管井底部，设置外吊板及钢筋

第四步：设置承重梁柱
局部开挖管井底土方，设置承重梁柱

图 11-60　砌体管井悬吊保护流程图

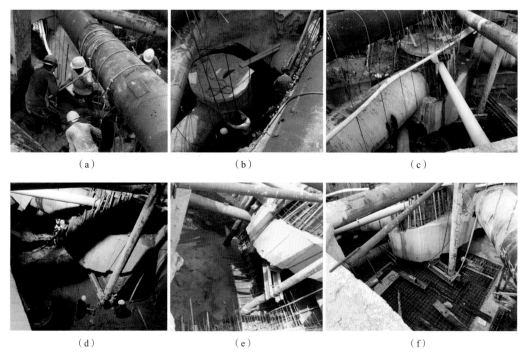

（a）　　　　　　　　（b）　　　　　　　　（c）

（d）　　　　　　　　（e）　　　　　　　　（f）

图 11-61　砌体管井悬吊保护施工工序

（a）浇筑内吊板；（b）安装钢绳索/钢筋；（c）安装承重梁柱；（d）继续开挖土体；（e）施工底板；（f）施工顶板并回填

3. 砌体管井原位保护施工关键技术控制措施

（1）施工准备

1）正式开工前可以进行如下工作：

①认真研究设计单位提供的资料；

②积极主动走访有关产权单位，尽可能收集有关管线的资料；

③派专人对施工现场地下管线进行勘测调查；

④根据前三步工作的成果，绘出管线的布置图，作为管线保护施工的依据。

2）制定详细的管线保护方案，并切实予以执行，保证施工期间管线的加固和悬吊的安全和正常使用。

3）基坑支护及基坑土方开挖施工前，使用管线探测仪，仔细对施工位置进行探测。

4）做好基坑顶周围地面平整和地面排水工作，调查周边地下管道的位置，确认是否与基坑支护结构存在冲突，同时调查基坑周围是否存在地下水管（如供水管、污水管、雨水管等）老化渗漏现象，摸查管线走向埋深并进行处理，做好周边旧建筑的拆除和预留管线改迁工作，确保施工期间地下管线的安全和正常使用。

5）原材料检测

①对所有购进原材料的出厂合格证、质量保证书、检测报告进行查验，并登记记录。

②对具有合格证的原材料进行复检，复检合格方准使用。

③复检不合格的原材料，物资部门作出标记，停止使用并清出施工现场。

6）混凝土检测

①混凝土配合比须经监理工程师审核，业主批准后方可实施，并根据现场砂石含水量的变化做适当调整，检查水泥、外加剂、粗骨料是否与试验相符，用量是否准确。

②检查混凝土的拌合时间、搅拌速度，坍落度是否符合要求。随机抽样，每班不少于 3 次。

③商品混凝土要选择质量有保证的搅拌站，混凝土到达现场后核对报料单，并在现场对坍落度核对，允许 1~2cm 的误差，超过者立即通知搅拌站调整，严禁在现场任意加水。

④按规定在现场制作试件，试件组数按招标文件中的《通用技术条件》执行，现场试件的强度试验报告要与混凝土站同批试块的试验报告相符，误差超标要查明原因。

⑤按照设计及规范要求做好试件的标准养护和同等条件养护。

7）钢筋检测

①钢筋进场要分批抽样做抗拉、冷弯等物理力学试验，使用中若发生脆断、焊接不良或机械性能不良等异常情况，还应补做化学成分分析试验。

②钢筋必须顺直，调直后表面伤痕及侵蚀不应使钢筋截面积减少。

③钢筋焊接使用焊条的型号、性能以及接头中使用的钢板和型钢均必须符合设计要求和有关规定。焊接成型时，焊接处不得有水锈、油渍。焊接后无缺口、裂纹和较大的金属瘤，用小锤敲击时，应发出与钢筋同样的清脆声，钢筋端部扭曲、弯折处予以校直或切除。

（2）施工作业措施

1）承重钢管梁的架设

在施工完成后的冠梁上架设承重钢管梁，并进行拼接加固，人工配合吊车进行架设，架设时必须保证安放位置准确，架设完毕后将承重钢管梁与冠梁接触部位进行连接加固，确保承重钢管梁整体稳定。

2）钢绳索的设置

安装悬吊钢筋，安置钢托梁及防电板和通道钢板，槽钢托梁采用小块钢板焊接加固，吊筋与槽钢托架通过螺纹套筒及钢垫块进行连接，钢垫块与槽钢托架间进行点焊。

使用扭力扳手进行加固，钢绳索设置软塑料套筒，确保每根钢绳索受力均匀，防止管道因受力不均发生开裂。完成上述工序后，继续向下开挖，直至基坑底。

通道主体结构施工完毕达到设计强度要求后，管线下面一定要夯填密实后方可拆除悬吊保护结构。

3）钢筋混凝土的浇筑

①对模板、钢筋的质量、数量、位置逐一检查，并作好记录。

②模板安装的结构尺寸要准确，模板支撑稳固，接头紧密平顺，不得有离缝、左右错缝和高低不平等现象，接缝、平整度必须满足规范要求，以减少因混凝土水分散失而引起的干缩，影响混凝土表面光洁。

③混凝土浇筑施工连续进行，尽量混凝土浇筑一次完成，当必须间歇时，尽量缩短间歇时间并在前层混凝土凝结之前，将次层混凝土浇筑完成，采用振捣器捣实混凝土时，每一振点的振捣时间，以将混凝土捣实至表面呈现浮浆和不再沉落为止。

④加大测量力度和现场跟踪控制，保证混凝土基线、尺寸准确，同时坚持质检人员跟班作业，监督并及时纠正施工出现的问题。

⑤制定有效的混凝土高温施工质量保证措施，确保浇筑混凝土满足设计及相关规范要求。

4）钢结构施工质量安全措施

钢管及焊缝作业等钢结构施工需指定相应方案，并按规范规定设定作业，保证质量及作业安全。

5）施工过程中监测措施

加强施工监测措施。接驳施工过程中，及时布设位移和沉降监测点，按规范要求进行布点，同时按规范的频率进行监测，超出预警值及时进行处理。

6）应急措施

防止悬吊管道出现突发渗漏、爆管，项目部坚持"快速反应、先期处理、统一指挥、协同作战"的原则。

①快速反应原则：处置爆管事故，要坚持一个"快"字，做到反应快、报告快、处置快，及时关闭给水管阀门。

②先期处理原则：一旦发生爆管事故，项目部立即启动先期处置应急预案，迅速采取有效措施，尽力控制事态发展，以减少财产损失。

③统一指挥原则：如发现爆管或渗漏突发事故，由项目部按照轨道交通建设工程突发事件应急处置指挥体系及时报告、统一指挥，以保证应急处置工作的统一高效。

④协同作战原则：项目部各相关部门在统一领导指挥下，按照各自职责，密切协作，相互配合，共同做好水管破损应急处置和抢险救援工作。

7）其他措施

对悬吊保护的管线周围施工时采用人工配合小型挖掘机械作业，避免大型机械施工对管线造成破坏。

在施工期间及时与管线权属部门联系，加强保护，并按管线权属部门要求做好监测。在施工期间加强对道路及管线的沉降变形的施工监测力度，针对地下管线等重点检查位置在雨季应提高监测频次和巡视次数，根据反馈的实测数据和沉降变形趋势，在必要时将采取注浆加固等保护手段来控制变形发展，确保管线的正常使用和道路的行车安全。

11.3.3　技术优势与适用范围

1. 技术优势

与常规的悬吊保护方式相比，本技术具有以下优势：

（1）无需现场对既有管井进行拆除或迁改，结构受力明确，安全程度高，缩短整个施工作业时间，减少繁重、复杂的迁改作业，提高经济效益。

（2）采用内吊底板及外吊底板对砌体管井进行保护，直接在现场通过钢绳索/钢筋与承重钢管梁进行连接，实现砌体结构保持受压状态，避免砌体管井发生受拉情况而产生裂缝。

（3）设置承重梁柱，对悬吊结构进一步保护，提高安全富余度。

（4）可快速回收，进而重复利用，降低工程成本。

2. 适用范围

复杂环境下明挖基坑砌体管井原位保护施工技术适用于设置地下连续侧墙或支护

桩的明挖基坑，基坑内的地下管线及砌体管井不适宜现场迁移的情况。

11.3.4 技术关键与技术创新点

1. 技术关键

（1）连接管道悬吊保护技术

悬吊保护结构中，对于连接管道的悬吊保护，承重钢管梁摆放位置方向与连接管道走向一致，钢绳索作用于管道正中心，可使其不发生偏心作用；土方开挖到管道底部需进行保护作业，通过使用钢绳索局部穿过土体实现管道及管井围绕，能够避免对承重土体的扰动，减少不必要的工序；设置钢绳索塑料软管保持钢绳索与管道处于均匀受力状态；必要时进行钢绳索预应力张拉。

钢绳索悬吊保护方式充分考虑钢管的圆形力学特性及施工工艺，有效保护连接管道及不影响施工进度。

（2）砌体管井悬吊保护技术

针对砌体管井侧壁的材料特性，采用了内外吊板结合承重梁柱进行设计和施工，通过现浇混凝土结构使得内吊板与外吊板形成整体，避免常规砌体结构悬吊保护过程中出现结构破坏、变形过大等问题，同时设置承重梁柱，对悬吊结构进一步保护。

内外吊板加固＋钢筋悬吊＋承重梁柱支撑悬吊保护方式能够很好地解决砌体管井在悬吊保护过程中的强度及刚度问题。内吊板设置于管井内底部，其钢筋穿透砌体管井侧壁，与外吊板相连形成整体，加大其整体性；外吊板设置于管井外底部，考虑开挖过程中能完全开挖，故外吊板采用局部开挖，设置环形钢筋混凝土底板，用于支撑砌体管井底板，并设置护角保护管井侧壁与底板位置；承重梁柱提供竖向支撑力，进而提供砌体管井的安全富余度。

2. 技术创新点

（1）所设计的施工方法：设置内吊板、外吊板及承重梁柱来对管井进行原位保护；

（2）实现功能的提升，包括：1）悬吊过程中对开挖砌体管井底部的保护功能（管井内部施工通过设置内吊板与砌体管井的结合，保证管井底部开挖能满足砌体管井强度变形要求）；2）增加砌体管井安全富余度功能（采用外吊板与内吊板结合、承重梁柱双重措施保证管井得到足够的安全富余度）；

（3）明挖基坑砌体管井原位保护施工方法的改进：通过实时监测，对砌体管井的变形加强监测，施工过程中可通过外吊板及承重梁柱对管井的保护进行动态调整。针对砌体管井中的砌体进行加强保护，内外吊板进行结合，同时外吊板增设护角，避免砌体结构的滑移；为避免钢筋锚索应力集中，设置塑料套筒于锚索与承重钢管梁位置等。

11.3.5　经济效益与社会效益

地下通道施工过程中一般会考虑交通疏解和管线迁改，但当某些迁移困难或重要性较高的管道无法进行迁移时，则会采取悬吊的方式进行保护。另外，在管道迁改时，由于管井通常连接多条管道，而且一般是新建管道井和管道完工后，才能停止既有管道的运行而启用新管道，这施工期间需要消耗较大的时间、空间、人力物力。而悬吊保护管井这种方式，在不影响管道的正常工作的条件下，能够进行基坑开挖作业，但施工技术要求较高。管井悬吊保护与传统管井迁移方法相比具有工期短，避免迁改作业，降低工程成本，施工易实现，避免管道停止工作等优点，其产生的社会效益和经济效益是显著的。

目前，国内基坑工程关于雨水污水砌体管井的保护案例较少，多为管道的悬吊保护，且管井材料的不同导致悬吊方案也不同，砌体结构抗拉剪能力差，需依据砌体结构的力学特性和工程特点采取合理的悬吊保护方案，常规的管井悬吊保护方案，在进行外部悬吊后进行开挖，容易忽视砌体管井的特性，导致砌体管井出现砌体开裂，甚至结构破坏，管井的使用功能丧失，工期滞后。

因此，在地下空间开发过程中，尤其管线保护特别是管井保护将成为未来几十年中城市建设中的重要一环。在地下空间开发过程中，随着复杂环境下明挖基坑砌体管井原位保护施工关键技术得到广泛应用，将有效地缩短施工工期，降低施工成本，具有良好的社会效益和经济效益。

1. 经济效益（表 11-7）

（1）施工工效

砌体管井原位保护施工关键技术与传统管线迁改相比，在基坑开挖土方期间可进行管井保护，可以极大地缩短工程施工工期，降低了工人劳动强度。

（2）材料及人工费用节约

项目使用砌体管井悬吊保护结构的施工技术，减少管迁基坑挖土方及回填；施工过程中，省去了钢板桩的架设，减少了挖土方费用，其节约材料及人工费约 207400 元；从工期上分析，悬吊保护结构用时短，工程总体进度按照每座井位施工可以缩短 4 天计，对总工期的提前亦为可观。

（3）其他综合效益

从施工现场安全文明施工分析，砌体管井保护采用钢管柱、钢管梁等钢结构构件，极大地减少了工地文明施工强度。从社会信誉分析，使用砌体管井保护技术，保持管井及管道的正常工作，不影响附近区域正常运行，大大地提升了施工技术的整体竞争力。

传统管线迁改方法与复杂环境下明挖基坑砌体砌筑管井原位保护施工关键技术经济效益对比分析表　　表 11-7

（以东莞市民服务中心下沉广场项目为例）

序号	施工方法	迁改/保护长度（m）	施工时间（d）	工程费用							
				人工费	土方（m³）	钢管、钢立柱、钢丝绳等钢材	新增管道管井综合费用	钢板桩（m）	混凝土量（m³）	模板（m²）	设备租赁费用
1	传统管线迁改	110	钢板桩施工 8 天、开挖土方 6 天、设置新增管道及管井 14 天、回填土方 3 天、废弃旧管道 3 天.（总约 34 天）	普工 4 人、拼装工人 4 人、混凝土工 2 人，共 10 人	110×3×2 =660	0	110	110×2×6 =1320	30	0	25t 吊车使用台班 60 台班，PC120 长臂反铲 0.6m³ 使用台班 20 台班，钢板桩施工台班 16 台班
2	砌体管井原位保护施工方法	13	开挖回填土方 2 天（基坑内开挖不添加额外工期），设置管井保护装置 28 天.（总约 30 天）	普工 6 人，共 6 人	0（基坑内挖方不考虑）	2	0	0	6	14	25t 吊车使用台班 20 台班，PC120 长臂反铲 0.6m³ 使用台班 10 台班
	对比分析	保护长度比迁改长度节省 97m	工期约 4 天工期	施工人员节约 6 人，按 300 元/人/日计算，节约 300×（10×34-6×30）=48000 元	土方按 50 元/m³ 考虑，节省（660）×50 =33000 元	钢材增加费用 2×（-4500）=-9000 元	新增管道管井综合费用 110×800 =88000 元	节约钢板桩费用 0.5×1320×34 =22440 元	钢筋混凝土节省费用 24×（450）=10800 元	模板增加费用 14×（-60）=-840 元	租赁设备节约费用台班×300 元/台班=（80-30）×300 =15000 元
	节约费用	/		合约节约 48000＋33000－9000＋88000＋22440＋10800－840＋15000=207400 元 节约工期约 4 天							

注：表中未考虑其他施工干扰，如天气、施工组织等。

2. 社会效益

（1）节能效益

复杂环境下明挖基坑砌体管井原位保护施工关键技术，使用了大量的钢管、钢绳索/钢筋、钢梁、钢柱等钢结构，减少对水电、模板、脚手架等的消耗，有效地节约了资源。

（2）环保效益

1）明挖基坑砌体管井原位保护施工关键技术避免了新建管道管井带来的基坑开挖、回填、建造等施工，减少扰民。

2）明挖基坑砌体管井原位保护施工关键技术有助于地下空间施工的规范化、标准化，有利于现场文明施工。

3）明挖基坑砌体管井原位保护施工关键技术的悬吊保护结构最大化程度施工钢构件（承重钢柱、钢种钢管梁、钢绳索等），可回收率较高，在工地经过多次重复使用，减少大量的建筑垃圾的污染。

综上所述，明挖基坑砌体管井原位保护施工关键技术符合绿色施工的节材和材料资源利用的要求，具有很好的经济效益和社会效益。

本章参考文献

[1] 罗瑞华.武汉鹦鹉洲长江大桥主桥基础工程施工技术 [J]. 桥梁建设，2014，44（05）：9-14.

[2] 滕延京，宫剑飞，李建民.基础工程技术发展综述 [J]. 土木工程学报，2012，45（05）：126-140+161.

[3] 杨海奇，辛华.绿地公馆改扩建工程——浅析改扩建工程中建筑技术的应用 [J]. 四川建材，2006（05）：42-45.

[4] 董兴华，陈全金.宝钢办公生活设施基础工程施工技术措施 [J]. 住宅科技，2005（10）：40-43.

[5] 刘金砺.关于我国高层建筑基础工程技术发展的思考 [J]. 施工技术，2000（09）：5-54.

[6] 龚剑.上海金茂大厦深基坑支护技术 [J]. 建筑技术，1997（08）：533-539.

[7] 深圳市建筑设计研究总院有限公司.东莞市民服务中心一期结构施工图 [R]. 广东东莞.2018.

[8] 北京世纪千府国际工程设计有限公司.东莞市民服务中心二期结构施工图 [R]. 广东东莞.2019.

[9] 中佳勘察设计有限公司.东莞市民服务中心二期—通道基坑支护补充方案 [R]. 广东东莞.2019.

[10] 中佳勘察设计有限公司.东莞市民服务中心二期—东莞大道及鸿福路接地下通道（基坑工程）设计施工图 [R]. 广东东莞.2019.

[11] 杨春英，宋福渊，油新华，张清林，马程昊，马庆松，许国光．控制既有建筑变形的基坑支护结构及基坑开挖施工方法 [P].CN103498475A，2014-01-08.

[12] 柳宪东，史海欧，刘欣，刘鑫，肖峰．既有建筑物基础被动补充与洞内托换系统的联合施工方法 [P].CN107740446A，2018-02-27.

[13] 贾强，张鑫．利用原有桩基础支撑既有建筑地下增层的方法 [P].CN103437567A，2013-12-11.

[14] 杨泽宇．一种既有建筑群下加建多层地下空间的施工方法 [P].CN108005399A，2018-05-08.

[15] 张敬一，梁发云，曹平，赖伟，蒋志军，李泽泽．一种在既有建筑物下新增地下停车场的方法 [P].CN108457303A，2018-08-28.

[16] 李治．Midas / GTS 在岩土工程中的应用 [M].北京：中国建筑工业出版社，2012.11.

[17] 王海涛主编．MIDAS GTS 岩土工程数值分析与设计—快速入门与使用技巧 [M].大连：大连理工大学出版社，2013.9.1.

[18] GB50017-2017，钢结构设计标准 [S].